U0390865

图书在版编目（CIP）数据

气候智慧型农业固碳减排计量方法学指南 / 李虎等编著. -- 北京：中国农业出版社，2020.12
（气候智慧型农业系列丛书）
ISBN 978-7-109-27687-1

Ⅰ.①气… Ⅱ.①李… Ⅲ.①气候变化 - 影响 - 农业 - 节能 - 计算方法 - 中国 - 指南 Ⅳ.①S-62

中国版本图书馆CIP数据核字(2020)第 265318 号

气候智慧型农业固碳减排计量方法
QIHOU ZHIHUIXING NONGYE GUTAN JIANPAI JILIANG FANGFA

中国农业出版社出版
地址：北京市朝阳区麦子店街 18 号楼
邮编：100125
责任编辑：张林芳
版式设计：王 晨 责任校对：吴丽婷
印刷：北京大汉方圆数字文化传媒有限公司
版次：2020 年 12 月第 1 版
印次：2020 年 12 月北京第 1 次印刷
发行：新华书店北京发行所
开本：880mm×1230mm 1/32
印张：3.25
字数：100 千字
定价：18.00 元

气候智慧型农业系列丛书

编辑委员会

气候智慧型农业系列丛书

本书编写委员会

主　　编：李　虎　邢可霞　管大海　宋振伟

副 主 编：葛　羚　杨午滕　刘　灏

编写人员（按姓氏笔画排序）：

　　　　　丁武汉　邢可霞　刘　灏　杨午滕　李成玉

　　　　　李　虎　李建政　李春燕　李俊霖　宋振伟

　　　　　张国玲　张艳萍　周　玮　黄　波　葛　羚

　　　　　雷豪杰　管大海

序 | PREFACE

　　每一种农业发展方式均有其特定的时代意义，不同的发展方式诠释了其所处农业发展阶段面临的主要挑战与机遇。在气候变化的大背景下，如何协调减少温室气体排放和保障粮食安全之间的关系，以实现减缓气候变化、提升农业生产力、提高农民收入三大目标，达到"三赢"，是21世纪全世界共同面临的重大理论与技术难题。在联合国粮食及农业组织的积极倡导下，气候智慧型农业正成为全球应对气候变化的农业发展新模式。

　　为保障国家粮食安全，积极应对气候变化，推动农业绿色低碳发展，在全球环境基金（GEF）支持下，农业农村部（原农业部，2018年4月3日挂牌为农业农村部）与世界银行于2014—2020年共同实施了中国第一个气候智慧型农业项目——气候智慧型主要粮食作物生产项目。

　　项目实施5年来，成功地将国际先进的气候智慧农业理念转化为中国农业应对气候变化的成功实践，探索建立了多种资源高效、经济合理、固碳减排的粮食生产技术模式，实现了粮食增产、农民增收和有效应对气候变化的"三赢"，蹚出了一条中国农业绿色发展的新路子，为全球农业可持续发展贡献了中国经验和智慧。

　　"气候智慧型主要粮食作物生产项目"通过邀请国际知名专家参与设计、研讨交流、现场指导以及组织国外现场考察交流等多种方式，完善项目设计，很好地体现了"全球视野"和

"中国国情"相结合的项目设计理念；通过管理人员、专家团队、企业家和农户的共同参与，使项目实现了"农民和妇女参与式"的良好环境评价和社会评估效果。基于项目实施的成功实践和取得的宝贵经验，我们编写了"气候智慧型农业系列丛书"（共 12 册），以期进一步总结和完善气候智慧型农业的理论体系、计量方法、技术模式及发展战略，讲好气候智慧型农业的中国故事，推动气候智慧型农业理念及良好实践在中国乃至世界得到更广泛的传播和应用。

作为中国气候智慧型农业实践的缩影，"气候智慧型农业系列丛书"有较强的理论性、实践性和战略性，包括理论研究、战略建议、方法指南、案例分析、技术手册、宣传画册等多种灵活的表现形式，读者群体较为广泛，既可以作为农业农村部门管理人员的决策参考，又可以用于农技推广人员指导广大农民开展一线实践，还可以作为农业高等院校的教学参考用书。

气候智慧型农业在中国刚刚起步，相关理论和技术模式有待进一步体系化、系统化，相关研究领域有待进一步拓展，尤其是气候智慧型农业的综合管理技术、基于生态景观的区域管理模式还有待于进一步探索。受编者时间、精力和研究水平所限，书中仍存在许多不足之处。我们希望以本系列丛书抛砖引玉，期待更多的批评和建议，共同推动中国气候智慧型农业发展，为保障中国粮食安全，实现中国 2060 年碳中和气候行动目标，为农业生产方式的战略转型做出更大贡献。

编者

2020 年 9 月

前　言

　　以全球变暖为主要特征的气候变化已经成为当今世界重要的环境问题之一，IPCC（联合国政府间气候变化专门委员会）第5次评估报告指出，过去的三个连续十年的平均气温比人类有记录以来的任意一个十年都高。根据《中国气候变化监测公报》（2012），1901—2012年，中国地表年平均气温呈显著上升趋势，并伴随明显的年代际气候变化特征，其中1913—2012年中国地表平均气温上升了0.91℃。由气候变化带来的干旱、洪涝、高温热浪、低温灾害等一系列极端天气事件的频率和强度明显增加，已经对人类生存和社会经济发展造成严重的威胁。农业是受全球气候变化影响最大和最直接的领域之一，气候变化将影响作物生育进程，加速病虫害的发生发展，区域旱涝事件趋多趋强，进而给粮食生产带来严峻的挑战。中国作为农业大国，地域辽阔，各区域间自然资源条件差异较大，因此受气候变化影响的农业领域区域差异特征尤为显著。如何提高粮食生产的灾害适应能力与作物生产力，切实保障粮食安全，提高产量，科学应对气候变化是当前迫切需要解决的问题。

　　农业生态系统作为全球最大的碳库，在生产过程中也伴随着大量温室气体的排放。研究表明，农业是CO_2、CH_4和N_2O的主要排放源，达到全球人为温室气体净排放总量的11.6%。中国作为农业和人口大国，随着国民经济的快速发展和人口的持续增加，温室气体（以吨CO_2当量计）绝对增长量超过世界其他国家，中国已成为世界温室气体排放大国。为协调农业生产，在保证国家粮食安全的同时，进行农业温室气体的减排，减缓气候变化。农业农村部在 2015 年实施了"气候智慧型主要粮食作物生产项目"，项目以提高粮食作物生产的灾害适应能力与生产力、推进农田生产节能减排与提升土壤固碳能力为核心目标，围绕水稻、小麦、玉米三大粮食作物生产系统，在稳定或者提高作物产量的基础上，提高化肥、农药、灌溉水等投入品的利用效率和农机作业效率，减少作物系统碳排放，增加农田土壤碳储量。经过五年的实施，在提高粮食产量和农田固碳减排方面取得了显著的成效。

在联合国粮食及农业组织（FAO）的倡导下，气候智慧型农业（CSA）正成为全球应对气候变化农业发展新模式。在人口持续增加、粮食等农产品需求刚性增长的趋势背景下，气候智慧型农业充分考虑了粮食安全生产，实现减缓气候变化的目标。为此撰写了《气候智慧型农业固碳减排计量方法学指南》一书，提出一套适用于气候智慧型农业项目的固碳减排计量方法，为国内外自愿减排碳交易市场中的农业固碳减排项目提供方法学参考。

本书共 6 章：第 1 章明确了项目概况、目的和内容；第 2 章对项目边界进行了定义，确定在计量过程中温室气体排放源和碳库选择及所考虑的泄露；第 3 章介绍项目碳汇减排的核算方法，包括引用的方法学、基准线和项目排放计算；第 4 章介绍了气候智慧型农业碳汇减排计量方法学在项目中的实际应用；第 5 章通过作物产量、温室气体排放量、土壤和林木碳汇量和固碳减排量介绍了项目区的主要进展和实施成效；第 6 章为项目实施后得到的主要结论及对策建议。附录对本书涉及的术语及定义进行了说明。

由于气候型智慧农业和碳计量方法尚在探索中，对于生态条件、社会发展程度各异的区域具体实施措施和方法也存在差异，因此本书中介绍和使用的方法还需要在实践中加以完善。受编著时间和研究水平的所限，书中仍存在许多不足之处，敬请批评指正。让我们共同为全球气候变化背景下的农业可持续发展研究做出更大的贡献。

编著者

2020 年 10 月 1 日

目 录

第1章

气候智慧型农业项目实施背景

1.1 气候智慧型农业项目背景

随着国际社会对气候变化、温室气体减排和粮食安全的日趋重视，农田土壤固碳减排技术研究得到了科学界的空前关注。中国的气候条件、土地资源以及种植制度都具有明显的区域特征，固碳减排技术在各个地区有不同的要求和效果，某些管理措施由于影响产量而难以持续推广。小麦、水稻、玉米是我国三种主要粮食作物，其总产量占中国粮食产量的85%以上。我国华北、东北和华东等粮食主产区承担着保障粮食安全的重任，粮食作物播种面积和粮食产量分别占全国粮食作物总面积和总产量的63%和67%。同时，粮食主产区也面临着有机碳损失严重、固碳迫切以及氮肥施用量大、温室气体节能减排潜力巨大的现实需求。因此，推广应用粮食主产区保障粮食产量前提下的节能与固碳技术，并进行示范与减排效果评价，不仅可以提高土壤肥力和生产力、减缓土壤中温室气体的排放，也是我国保持农业可持续发展的战略选择。

然而，我国农业生产的地域跨度大，区域间气候条件、土壤类型、农业管理措施各异，长期施肥和秸秆还田等管理措施对各区域农田土壤有机碳和温室气体排放的影响程度和贡献有多大，仍需要进一步探讨。因此，本项目选择中国有代表性的两个粮食主产区——河南省和安徽省，针对两类典型种植模式（小麦玉米、小麦水稻轮作）、三大作物（小麦、玉米、水稻），开展作物生产节能减排和土壤固碳及提升农田适应能力与生产力的气候智慧型农业技术示范应用，探索人为干预下的节能减排和增加碳汇途径和技术方法，可以为国家实现固碳减排目标及推广提供依据，对推进中国农作物生产具有前瞻性、引领性效果。

本项目符合GEF的第五个操作计划的目标（即克服提高能效和节能方面的障碍），将通过推广农业主要投入品节约技术和农业土壤固碳增汇技术促进中国农业生产方式转变，实现有效降低主要农业投入品的投入和高效使用，进而实现农业N_2O等温室气体减排。项目包含的活动针对提高农业粮食作物生产减排和增加土壤固碳碳汇，以及促进农业减排增汇技术的广泛应用。项目将与中国政府正在推行的"农业农村节能减排"的政策相得益彰。还将与参与农业节能增汇技术研究开发和农业节能减排技术政策设计的中央和地方政府机构紧密协调。还将与中国农业科学院、中国农业大学、全国农业技术推广总站等技术研究机构进行密切协调。

1.2　气候智慧型农业项目必要性

1.2.1　农业减排是减缓全球气候变化的现实需要

全球气候变化已成为不争的事实，人类活动向大气中排放过量CO_2（二氧化碳）、CH_4（甲烷）、N_2O（氧化亚氮）等温室气体是导致气候变化的重要原因之一，解决气候变化问题的根本措施就是减少人为温室气体排放或增加对大气中温室气体

（主要是 CO_2）的吸收。政府间气候变化专业委员会（IPCC）第 4 次评估报告表明，农业是温室气体的主要排放源之一，据估计，农业温室气体占全球总排放量的 13.5%，与交通运输温室气体排放量相当，更需要值得关注的是全球范围内农业排放 CH_4 占由于人类活动造成的 CH_4 排放总量的 50%、N_2O 占 60%，如果不实施有效的固碳减排技术和额外的农业政策，预计到 2030 年农业 CH_4 和 N_2O 排放量将会比 2005 年分别增加 60% 和 35% ～ 60%。控制农业温室气体排放对减缓全球气候变化具有重要作用，尤其是在未找到控制工业 CO_2 排放替代技术前的二三十年间，农业减排成为减缓大气 CO_2 浓度升高的关键。

1.2.2 提高农业生产减排能力和增加土壤固碳是国家应对气候变化、确保粮食安全的重要举措

中国是一个粮食生产大国，生产了约占世界总产量 40% 左右的粮食。但是农业发展很大程度上是依靠增加各种农业投入品为代价的。进入 2000 年以来，中国年氮肥用量达到 2 000 万 t（折纯）以上，消费总量为世界第一，约占全球总量的 30%。据估算，从 1994 年到 2005 年，农业活动氧化亚氮的排放总量从 78.6 万吨增加到 93.8 万吨，增长了 19.3%，而同期的粮食产量增长率远远低于这个数字。可见，中国农业生产活动基数大、增长快，如果没有相应的减排措施，农田温室气体排放量也会相应地迅速增大。而通过增加农田土壤中的碳库储量，被视为是一种非常有效的温室气体减排措施。增加土壤有机碳含量不仅能提高土地生产力，以保证粮食安全，而且能够增加农田土壤对碳的截获减缓温室气体排放，被认为是一项双赢策略。中国政府高度重视气候变化，同时面临确保粮食安全下巨大的减排压力。因此，必须采取行动积极应对气候变化，农业生产减排和土壤固碳责无旁贷。

1.2.3 我国粮食作物生产节能减排和土壤固碳是保障粮食安全、提高土壤肥力、减少农田温室气体排放的战略选择

我国目前农作水平较低，农田固碳减排也存在巨大潜力。中国有 18 亿亩耕地，土壤有机碳库尤其主要农业区表层土壤有机碳库比较贫乏，全国耕地平均有机碳含量低于世界平均值的 30% 以上，低于欧洲 50% 以上。据研究，我国农田固碳潜力在 2.2 ～ 3.0 PgC 之间，增汇减排总量每年可达 46.8 TgC，约相当于我国当前每年碳排放总量的 6%。2010 年，中国农业灌溉用水量为 3 500 亿立方米，有效利用率仅为 50%，而发达国家在 80% 以上。中国农药的有效利用率仅为 30%，也远远低于发达国家水平。全国农田氮肥当季利用率仅有 30% 左右，如果氮肥利用率提高 1 个百分点，全国就可减少氮肥生产的能源消耗 250 万吨标准煤。推广稻田间歇灌溉可减少单位面积稻田 CH_4 排放 30%；推行缓释肥、长效肥料可减少农田 N_2O 排放 50% ～ 70%。可见，只要技术合理，农田固碳减排潜力巨大。

鉴于国内外农业固碳减排的现状，在吸取和借鉴发达国家的经验和教训的同时，在实践中不断探索适合我国不同区域特点的固碳减排技术方法。本项目通过在项目区实施化肥减量、农药减量、保护性耕作、节水灌溉工程与有机肥管理等，宣传与培训当地小种植户与大户、种养企业、农民合作社，采用各种化肥减量施用、农药减量施用、保护性耕作等技术示范，推广先进的农业温室气体的减量技术及土壤有机碳提升技术，降低农业生产成本和提高农民收益，形成良性的农业化肥与农药施用模式、保护性耕作模式，从农业的实际生产需要角度来减少农业温室气体排放，并让农业生产者能够自觉执行。本项目在安徽省和河南省部分地区进行农业固碳减排试点与示范，推广新技术与宣传理念，并提出可以推广的模式，为我国乃至世界的农业固碳减排提供可行的经验。

第2章

气候智慧型农业碳汇减排计量方法学构建

气候智慧型作物生产体系对增强项目区作物生产对气候变化的适应能力，推动中国农业生产的节能减排具有重要意义。构建气候智慧型农业固碳减排计量方法可有效评价并掌控技术或项目的实施进度，为管理部门发现问题、改进不足提供有效的信息，有助于碳减排技术推广，同时能够更加规则、公正地对温室气体减排碳交易进行管理，为进一步的碳市场交易提供统一和科学的参考标准。

2.1 目的、应用范围、原则

2.1.1 目的

气候智慧型农业的目标是实现资源高效、可持续利用与固碳减排目标，是确保资源环境安全和农业可持续发展能力，构建新的农业集约化模式。本书整合国内外资源，组织中国相关领域的专家与政府机构、技术部门进行研讨交流，提出一套适用于气候智慧型农业项目的固碳减排计量与监测方法，为核算固碳减排量提供科学依据和技术指导。这种方法也能应用到其他相似地区气候智慧型农业的固碳减排计量标准化方面。

2.1.2　应用范围

气候智慧型农业是在保持作物生产力、增强作物对自然灾害及极端气候的抵御能力和适应能力的同时，能够实现固碳减排，增强粮食安全和农业可持续发展的作物生产方式。

本方法学的适用条件包括：

（1）适用于在气候智慧型农业五年及以上年限的小麦、玉米、水稻等主要粮食作物生产系统中开展固碳和温室气体减排量核算与监测。

（2）适用于指导气候智慧型小麦、玉米、水稻等主要粮食作物五年及以上生产项目固碳或温室气体减排量核算。

2.1.3　原则

本指南在编写过程中遵循以下几个原则：

（1）可核查性：通过采集证据、核对事实、量化评估等手段验证项目排放过程及减排结果。

（2）相关性：选择适应目标用户需求的固碳和温室气体源数据和方法。

（3）完整性：包括项目实施相关的固碳和温室气体排放。

（4）一致性：能够对有关固碳和温室气体信息进行有意义的比较。

（5）准确性：减少偏差和不确定性。

2.2　核算方法学引用的方法学

本核算方法以《联合国气候变化框架公约》清洁发展机制执行理事会（UNFCCCCDM EB）最新批准的温室气体减排、土壤固碳和农林复合固碳等方法学为框架基础，参考和借鉴清洁发展机制（Clean Development Mechanism, CDM）、自愿减排方法学（Verified Carbon Standard, VCS）、美国碳减排交易方法学（American Carbon Registry, ACR）和国家温室气体自愿减排方法学（China Certified Emission Reduction, CCER）等方法学有关工具、方式和程序，以及国际国内相关碳汇减排项目方法学和要求，充分吸收气候智慧型农业碳汇减排核算的最新研究成果，体现气候智慧型农业经营活动和固碳减排特性，经我国农业温室气体排放和土壤固碳领域以及国际碳汇减排领域等专家学者及利益相关方反复研讨修改后，确定而成，力求核算既符合国际规则又适合我国气候智慧型农业经营活动实际，使之具有科学性、合理性和可操作性。

2.2.1　清洁发展机制方法学 Clean Development Mechanism (CDM)

AMS-Ⅲ.AU: Methane emission reduction by adjusted water management practice in rice cultivation - Version 3.0

AR ACM0003: 在非湿地上的大型造林再造林项目方法学 Afforestation and reforestation of lands except wetlands - version 2.0 (for agroforestry component)

AR-CM-003-V01 森林经营碳汇项目方法学(for agroforestry component)A/R Methodological Tool- Estimation of non-CO_2 GHG emissions resulting from burning of biomass attributable to an A/R CDM project activity - Version 3.1.0

2.2.2　自愿减排方法学 Verified Carbon Standard (VCS)

VM0021: Soil Carbon Quantification Methodology, version 1.0 Calculating Emission Reductions in Rice Management Systems – Version 1.0 (DNDC model)

2.2.3 美国碳减排交易方法学American Carbon Registry (ACR)

ACR Methodology for N$_2$O Emissions Reductions through Changes in Fertilizer Management – Version 1.0 (DNDC model)

Voluntary Emission Reductions in Rice Management Systems – Version 1.0 (DNDC model)

Methodology for Quantifying Nitrous Oxide(N$_2$O) Emissions Reductions from Reduced Use of Nitrogen Fertilizer on Agricultural Crops – Version 1.0 (DNDC model)

2.2.4 国家温室气体自愿减排方法学China Certified Emission Reduction (CCER)

CMS-083-V01 保护性耕作减排增汇项目方法学（Methodology for Conservation Tillage, version 1.0）

CMS-017-V01 在水稻栽培中通过调整供水管理实践来实现减少甲烷的排放

2.3 术语及定义

（1）项目参与方（project participants）：参与项目活动的国有、集体单位、企业或个人。

（2）项目边界（project boundary）：是项目参与方控制范围内的项目活动的地理范围。一个项目活动可在若干个不同的地块上进行，但每个地块应有特定的地理边界，该边界不包括位于两个或多个地块之间的土地。

（3）地上生物量（above-ground biomass）：土壤层以上以干重表示的所有活生物量，包括干、桩、枝、皮、种子和叶。

（4）地下生物量（below-ground biomass）：所有活根生物

量。由于活细根（直径≤1～2 mm）通常很难从土壤有机成分或枯落物中区分出来，因此通常不纳入该部分。

（5）枯落物（litter）：矿质土层或有机土壤以上、直径小于5厘米或其他规定直径的、处于不同分解状态的所有死生物量，包括枯落物、腐殖质、以及经验上不能从地下生物量中区分出来的直径小于或等于2毫米的活细根。

（6）枯死木（dead wood）：枯落物以外的所有死生物量，包括枯立木、枯倒木和直径大于或等于5厘米的枯枝、死根和树桩。

（7）土壤有机质（soil organic matter）：一定深度（通常为1米）内矿质土和有机土（包括泥炭土）中的有机碳，包括不能从经验上从地下生物量中区分出来的直径小于或等于2毫米的活细根。

（8）基线碳储量变化量（baseline carbon stock changes）：在没有拟议的项目活动时，项目边界内碳储量的净变化量。

（9）项目碳储量变化量（project carbon stock changes）：拟议的项目活动边界之内的、由项目活动本身引起的、可测定的和可核查的碳储量的净变化量。

（10）增加的排放量（increase in emissions by sources）：由拟议的项目活动本身引起的、发生在项目活动边界之内的、可测定的和可核查的温室气体源排放的增加量。

（11）泄漏（leakage）：由项目本身引起的、发生在项目活动边界之外的、可测定的和可核查的温室气体源排放的增加量或减少量。

（12）项目净碳汇量（project net carbon removals by sinks）：项目碳储量变化量在减去基线碳储量变化量、项目边界内增加的排放量和项目边界外的泄露之后的净碳汇量。项目净碳汇量＝项目碳储量变化量－基线碳储量变化量－增加的排放量－泄漏。

（13）基线情景（baseline scenario）：在项目所在地区的技

术条件、融资能力、资源条件和政策法规情况下，能合理的代表没有拟议的项目活动时的土地利用方式。

（14）额外性（additionality）：项目活动产生的项目净碳汇量超过基线碳储量变化量以上的情景。

（15）计入期（crediting period）：对项目活动产生的项目净碳汇量进行计量和核查的时期。

（16）利益方（stakeholder）：已经或可能受到拟议的项目活动影响的公众，包括个人、群体或社区。

（17）核查（verification）：由第三方定期地、独立地审评项目开始以来所产生的项目净碳汇量。

（18）准确度（accuracy）：样本测定值与真值的接近程度。

（19）精度（precision）：是与不确定性相反的概念，表示规定条件下不同的独立的样本测定结果之间的接近程度，越接近则精度越高。

（20）置信区间（confidence interval）：一定可靠性水平下（通常为95%）真值所在的范围，也称为置信水平。

（21）排放因子（emission factor）：单位活动水平数据的温室气体排放量或吸收量。

（22）CO_2当量（$CO_{2\text{-}e}$）：根据不同种类的温室气体对辐射强迫的贡献来度量温室气体的单位。目前是通过全球增温潜势（Global Warming Potentials，GWP）来计算CO_2当量。

（23）全球增温潜势（GWP）：排放到大气中的1吨温室气体与同期1吨CO_2所产生的辐射强迫之比。目前CO_2、CH_4和N_2O的GWP值分别为1、25和298。利用该GWP值可将CH_4和N_2O温室气体转化为等当量的CO_2。

（24）温室气体排放源（GHG source）：向大气中排放CO_2等温室气体的过程或活动或机制。

（25）碳汇（carbon sink）：从大气中清除CO_2的过程、活动或机制。

（26）碳汇计量（carbon accounting）：是指对预期产生的

项目净碳汇量进行预估，即事前估算。

（27）碳汇监测（carbon monitoring）：为了确保项目产生的项目净碳汇量的透明性、可测定性和可核查性，必须在编制项目可研报告时制定监测计划。在项目实施过程中应当收集所有对测定和计量项目运行期内的项目碳储量变化、项目边界内温室气体排放、泄漏所需的相关数据并对其进行归档，详细说明测定和计量的技术和方法，包括项目边界和事后分层、抽样设计方法、不确定性分析、质量保证和质量控制程序等。

2.4　边界确定

2.4.1　空间边界

项目边界的确定分为事前项目边界确定和事后项目边界确定。事前确定的项目边界主要是用于项目地合格性的认证、项目设计以及面积、基线碳储量变化、项目碳储量变化、排放增加、泄漏等的估算。而项目活动的实际边界可能不完全与事前边界吻合，并可能在项目实施过程中发生变化。因此事前项目边界的确定与事后边界的监测可在不同的精度下进行。

从成本、实际需要以及我国的实际情况，事前项目边界可通过以下几种方式确定：

（1）用 GPS 直接测定项目地块边界的拐点坐标；

（2）利用高分辨率的地理空间数据（卫星影像、航片等）以及土地利用/覆盖图、森林分布图、林相图等读取项目边界；

（3）利用地形图（比例尺≥1:10 000）进行对坡勾绘；

（4）县或乡镇级农业区划。

2.4.2　时间边界

时间边界即项目期，是指项目活动以及固碳减排计量的时间长短，项目于 2015 年 1 月开始实施，完成于 2019 年 12 月，历经 5 年。

2.5 碳库和温室气体排放源选择

2.5.1 碳库选择

根据国际通行做法，将项目涉及的碳库划分为地上生物量、地下生物量、枯落物、枯死木和土壤有机质（表 2-1）。对全部碳库进行计量和监测可使项目参与方获得更多的碳汇量。但另一方面，这又会大大增加计量和监测的成本。由于在计入期内有的碳库中的碳储量变化相对较小，而监测成本又较大，以较高的监测成本为代价获得微不足道的碳汇收益，不符合"成本有效性"原则。另外，碳储量变化速率较小的碳库，往往不确定性较高。因此，选择碳库时，除考虑是否是净温室气体排放源这一因素外，还须考虑监测的成本有效性、不确定性和保守性。

表 2-1 项目边界内的碳库

碳库	选择	理由/解释
地上部分生物量	考虑	只考虑农地上的造林碳库
地下部分生物量	考虑	只考虑农地上的造林碳库
死木	不考虑	量少或不含，可以不考虑
枯枝落叶	不考虑	量少或不含，可以不考虑
土壤有机碳	考虑	碳汇主要监测指标

2.5.2 温室气体排放源选择

N_2O、CH_4 和 CO_2 是农业生产中最主要的温室气体。为透明起见，项目参与方须明确地说明选择或不选择某一个或多种

温室气体的理由。因此本任务温室气体监测排放源如表 2-2
所示。

表 2-2　项目监测的温室气体排放源

监测的排放源	温室气体	计入/排除	理由/解释
农田直接排放	N_2O	计入	主要排放源
	CO_2	排除	据 IPCC 指南，不计量作物生长、移除、燃烧、分解等 CO_2 排放量
	CH_4	—	根据种植作物类型确定
化肥生产	N_2O	排除	不排放
	CO_2	排除	项目边界外排放，不考虑
	CH_4	排除	不排放
农机具使用	N_2O	排除	不排放
	CO_2	计入	耕作、灌溉、播种、喷药、收获、运输等消耗柴油、汽油或电力排放
	CH_4	排除	不排放
秸秆燃烧	N_2O	计入	主要排放源
	CO_2	计入	主要排放源
	CH_4	排除	据 IPCC 指南，不计量作物燃烧 CO_2 排放

2.6　泄漏

项目的实施不仅导致项目边界内和基线情景下温室气体源
排放和汇清除的变化，还会引起项目边界外温室气体源排放和
汇清除的变化，即泄露。在计算泄漏结果时可能为正泄露也可
能为负泄露，因此在进行固碳减排计量时，应当全面考虑由于
项目活动所带来的泄露问题。

2.7 抽样设计和分层

碳汇项目边界内的碳储量及其变化，往往因气候、土地利用方式、作物种类、土壤和立地条件的变异，而呈现较大的空间变异性。为满足一定的精度要求并遵循成本有效性的原则，在计量和监测基线情景和项目情景的碳储量变化时，需对项目区进行分层。通过分层，把项目区合理地划分成若干个相对均一的同质单元（层），分别估计、测定和监测各层基线碳储量的变化和项目碳储量的变化。由于每一层内部相对较均一，因此能以较低的抽样测定强度达到所需的精度，从而从总体上降低测定和监测成本。分层的过程不受项目地块的大小及其空间分布的影响。成片的大块土地或若干分散的小块土地都可看成是一个总体，用同样的方法对其进行分层。

分层可分为事前分层和事后分层。事前分层需在项目开始前或在进行项目设计阶段完成，其目的是为了对基线碳储量变化和项目碳储量变化进行计量和预估。事后分层是在项目开始后进行，其目的是为了对项目的碳储量变化进行测定和监测。在采取措施后的分层需要进行更新：

（1）在项目减排计入期内会出现意外的干扰（例如：由于火灾、虫害或疾病暴发），不同程度地影响到原本处于均质状态的分层；

（2）管理活动的实施方式可能会影响现有各个分层。

事前分层又分为事前基线分层和事前项目分层。事前基线分层以项目活动开始前项目地作物状况为依据，主要考虑以下因素：

（1）作物类型：水稻、小麦、玉米和农林结合用地。

（2）土壤类型：土壤质地、pH、有机质等。

（3）农地类型：大户、散户。

（4）管理措施：施肥、灌溉、秸秆还田等。

2.8　碳汇减排量计算

2.8.1　项目固碳减排核算

$$\Delta R = BE - PE - LE \tag{1}$$

式中：

ΔR——项目实施后总体固碳和温室气体减排量($t\ CO_{2-e}$)；

BE——基准线情景下碳储量和温室气体排放量($t\ CO_{2-e}$)；

PE——项目实施后碳储量和温室气体排放量($t\ CO_{2-e}$)；

LE——泄漏量 = 0；

$$BE = BC_{SOC,m,i,p} - BE_t - BE_{burning,t,i} - BE_{Equipment,t} \tag{2}$$

$$PE = PC_{SOC,m,i,p} - PE_t - PE_{Equipment,t} + C_{PROJ,AB,i,t} \tag{3}$$

BE——基准线情景下碳储量和温室气体排放量($t\ CO_{2-e}$)；

$BC_{SOC,m,i,p}$——第 m 次监测 i 碳层 p 样地单位面积土壤有机碳储量($t\ C/hm^2$)；

BE_t——基准线情景第 1，2，3，4，…，t 年温室气体排放总量(CO_{2-e})；

$BE_{burning,t,i}$——第 t 年第 i 基准线碳层由于秸秆燃烧引起的碳排放($t\ CO_{2-e}$)；

$BE_{Equipment,t}$——基准线情景下农田每年因管理措施施用机械的碳排放量($t\ CO_{2-e}/hm^2$)；

PE——项目实施后碳储量和温室气体排放量($t\ CO_{2-e}$)；

$PC_{SOC,m,i,p}$——第 m 次监测 i 碳层 p 样地单位面积土壤有机碳储量($t\ C/hm^2$)；

PE_t——项目实施后第 t 年温室气体排放总量($t\ CO_{2-e}$)；

$PE_{Equipment,t}$——项目实施后农田每年因管理措施使用机械的碳排放量$(t\ CO_{2\text{-}e}/hm^2)$；

$C_{PROJ,AB,i,t}$——第t年第i碳层地上生物量碳库中的碳储量$(t\ C/hm^2)$；

2.8.2　基准线排放计算

（1）基准线情景下土壤有机碳储量

土壤有机碳储量可通过下式计算：

$$BC_{SOC,m,i,p} = \sum_{l=1}^{L}\Big[SOCC_{m,i,p,l} \cdot BD_{m,i,p,l} \cdot \big(1 - F_{m,i,p,l}\big) \cdot Depth_l\Big] \quad (4)$$

式中：

$BC_{SOC,m,i,p}$——第m次监测i碳层p样地单位面积土壤有机碳储量$(t\ C/hm^2)$；

$SOCC_{m,i,p,l}$——第m次监测i碳层p样地l土层土壤有机碳含量$[g\ C \cdot (100\ g\ 土壤)^{-1}]$；

$BD_{m,i,p,l}$——第m次监测i碳层p样地l土层土壤容重$(g \cdot cm^{-3})$；

$F_{m,i,p,l}$——第m次监测i碳层p样地l土层直径大于$2\ mm$石砾、根系和其他死残体的体积百分比$(\%)$；

$Depth_l$——各土层的厚度(cm)；

m——监测时间(a)；

i——碳层；

l——土层。

（2）基准线情景下农田温室气体直接排放

本研究使用IPCC推荐的方法——模型方法（DNDC模型），在核算过程中根据项目区监测的实际情况进行选择。运转DNDC模型即可得到单位面积农田N_2O和CH_4的排放量。然后再乘以项目各分区的实施面积作为作物项目农田N_2O的排放量(BE_t)。

$$N_2O^t = \sum_{i=1}^{n}\big(N_2O \cdot A\big)_i \quad (5)$$

式中：

N_2O^t——基准线情景第 t 年农田 N_2O 排放量 (kg N)；

N_2O——基准线情景 i 分区的农田 N_2O 排放量 (kg N/hm^2)；

A——项目区基准线情景第 y 年 d 分区作物收获面积（hm^2）；

$(N_2O \cdot A)_i$——基准线情景 i 分区的农田 N_2O 排放量 (kg N)；

t——基准线情景第 1，2，3，4，$\cdots$，t 年。

i——基准线情景第 i 分区。

$$CH_4^t = \sum_{i=1}^{n} \left(CH_4 \cdot A \right)_i \qquad (6)$$

式中：

CH_4^t——基准线情景第 t 年农田 CH_4 排放量 (kg C)；

CH_4——基准线情景 i 分区农田 CH_4 排放量 (kg C/hm^2)；

A——基准线情景第 t 年 i 分区作物收获面积 (hm^2)；

$(CH_4 \cdot A)_i$——基准线情景 i 分区的农田 CH_4 排放量 (kg C)；

t——基准线情景第 1，2，3，4，$\cdots$，t 年。

i——基准线情景第 i 分区。

$$BE_t = N_2O^t \cdot \frac{44}{28} \cdot 298 + CH_4^t \cdot \frac{16}{12} \cdot 34 \qquad (7)$$

式中：

BE_t——基准线情景第 1，2，3，4，$\cdots$，t 年温室气体排放总量 (t CO$_{2-e}$)；

$\dfrac{44}{28}$——以 N 表示的 N_2O 排放转换为以 N_2O 表示的转化系数；

$\dfrac{16}{12}$——以 C 表示的 CH_4 排放转换为以 CH_4 表示的转化系数；

298——N_2O 相对于 CO_2 的全球增温潜势 (IPCC，2013) (t CO$_2$)；

34——CH_4 相对于 CO_2 的全球增温潜势(IPCC，2013)(t CO_{2-e})。

（3）基准线情景下秸秆燃烧引起的 N_2O 和 CH_4 排放

首先对过火秸秆的生物量进行抽样调查，以确定燃烧的生物量比例。然后采用下述公式计算 N_2O 和 CH_4 排放。

$$BE_{\text{burning},t,i} = BE_{\text{burning},N_2O,t,i} + BE_{\text{burning},CH_4,t,i} \tag{8}$$

$$BE_{\text{burning},N_2O,t,i} = B_{\text{burn},t,i} \cdot EF_{N_2O} \cdot 298 \cdot 10^{-3} \tag{9}$$

$$BE_{\text{burning},CH_4,t,i} = B_{\text{burn},t,i} \cdot EF_{CH_4} \cdot 34 \cdot 10^{-3} \tag{10}$$

$$BE_{\text{burning}} = \sum_i \sum_t BE_{\text{bruning},t,i} \tag{11}$$

式中：

$BE_{\text{burning},t,i}$——第 t 年第 i 基准线碳层由于秸秆燃烧引起的碳排放(t CO_{2-e})；

$BE_{\text{burning},N_2O,t,i}$——第 t 年第 i 基准线碳层由于秸秆燃烧引起的 N_2O 排放(t CO_{2-e})；

$BE_{\text{burning},CH_4,t,i}$——第 t 年第 i 基准线碳层由于秸秆燃烧引起的 CH_4 排放(t CO_{2-e})；

BE_{burning}——秸秆燃烧引起的总非 CO_2 温室气体排放的增加(t CO_{2-e})；

$B_{\text{burn},t,i}$——第 t 年第 i 基准线碳层秸秆燃烧的生物量(t)；

EF_{N_2O}——N_2O 排放因子[IPCC参考值=0.07，kg (t dry matter)$^{-1}$]；

EF_{CH_4}——CH_4 排放因子[IPCC参考值=2.7，kg (t dry matter)$^{-1}$]；

298——N_2O 相对于 CO_2 的全球增温潜势(IPCC，2013)(t CO_{2-e})；

34——CH_4 相对于 CO_2 的全球增温潜势(IPCC，2013)(t CO_{2-e})；

t——项目开始后的年数(a);

i——碳层。

(4) 基准线情景下机械燃油燃烧 CO_2 排放量

根据当地农民常规措施的整地、施肥、灌溉等需要使用的机械设备或者电力情况,确定各种活动使用的机械种类、耗油种类、单位耗油(电)量(如每小时或每 hm^2 耗油(电)量),按不同机械和燃油种类计算耗油量,采用下述公式计算燃油机械燃烧化石燃料和消耗电力引起的 CO_2 排放:

$$BE_{equipment,t} = \sum_i \left(CSP_{diesel,t} \cdot EF_{diesel} + CSP_{gasoline,t} \cdot EF_{gasoline} + CSP_{electricity,t} \cdot EF_{electricity} \right) \cdot 10^{-3} \tag{12}$$

式中:

$BE_{equipment,t}$——基准线情景下农田每年因管理措施施用机械的碳排放量(t CO_{2-e}/hm^2);

$CSP_{diesel,t}$——第 t 年柴油消耗量(L);

EF_{diesel}——柴油燃烧 CO_2 排放因子,IPCC参考值=2.64 kg CO_{2-e}/L;

$CSP_{gasoline,t}$——第 t 年汽油消耗量(L);

$EF_{gasoline}$——汽油燃烧 CO_2 排放因子,IPCC参考值=2.26 kg CO_{2-e}/L;

$CSP_{electricity,t}$——第 t 年电力消耗量(KW·h);

$EF_{electricity}$——电力消耗的 CO_2 排放因子电的碳排放强度,[中国大部分地区用煤发电,煤电的碳排放强度为 0.92 kg CO_{2-e}/(kW·h) (BP China,2007)];

t——项目开始后的年数(a);

2.8.3 项目排放计算

(1) 项目实施后土壤有机碳储量

项目实施5年后,土壤有机碳储量可通过下式计算:

$$PC_{SOC,m,i,p} = \sum_{l=1}^{L}\left[SOCC_{m,i,p,l} \cdot BD_{m,i,p,l} \cdot \left(1-F_{m,i,p,l}\right) \cdot Depth_l\right] \quad (13)$$

式中：

$PC_{SOC,m,i,p}$——第 m 次监测 i 碳层 p 样地单位面积土壤有机碳储量(t C/hm^2)；

$SOCC_{m,i,p,l}$——第 m 次监测 i 碳层 p 样地 l 土层土壤有机碳含量(g C·(100 g 土壤)$^{-1}$)；

$BD_{m,i,p,l}$——第 m 次监测 i 碳层 p 样地 l 土层土壤容重(g·cm^{-3})；

$F_{m,i,p,l}$——第 m 次监测 i 碳层 p 样地 l 土层直径大于 2 mm 石砾、根系和其它死残体的体积百分比(%)；

$Depth_l$——各土层的厚度(cm)，40cm；

m——监测时间(a)；

i——项目碳层；

l——土层。

（2）项目实施后农田温室气体直接排放

本研究使用 IPCC 推荐的方法——模型方法（DNDC 模型），在核算过程中根据项目区监测的实际情况进行选择。运转 DNDC 模型即可得到单位面积农田 N_2O 和 CH_4 的排放量。然后再乘以项目各分区的实施面积作为作物项目农田 N_2O 的排放量（PE_t）。

$$N_2O^t = \sum_{i=1}^{n}\left(N_2O \cdot A\right)_i \quad (14)$$

式中：

N_2O^t——项目实施第 t 年农田 N_2O 排放量(kg N)；

N_2O——项目实施 i 分区的农田 N_2O 排放量(kg N/hm^2)；

A——项目实施第 y 年 d 分区作物收获面积（hm^2）；

$(N_2O \cdot A)_i$——项目实施 i 分区的农田 N_2O 排放量(kg N)；

t——项目实施第 1，2，3，4，…，t 年。

i——项目实施第 i 分区。

$$CH_4^t = \sum_{i=1}^{n} \left(CH_4 \cdot A \right)_i \tag{15}$$

式中：

CH_4^t——项目实施第 t 年农田 CH_4 排放量 (kg C)；

CH_4——项目实施 i 分区农田 CH_4 排放量 (kg C/hm^2)；

A——项目实施第 t 年 i 分区作物收获面积（hm^2）；

$(CH_4 \cdot A)_i$——项目实施 i 分区的农田 CH_4 排放量 (kg C)；

t——项目实施第 1，2，3，4，…，t 年。

i——项目实施第 i 分区。

$$PE_t = N_2O^t \cdot \frac{44}{28} \cdot 298 + CH_4^t \cdot \frac{16}{12} \cdot 34 \tag{16}$$

式中：

PE_t——项目实施第 1，2，3，4，…，t 年温室气体排放总
量 (t·CO$_{2\text{-e}}$)；

$\dfrac{44}{28}$——以 N 表示的 N_2O 排放转换为以 N_2O 表示的转化

系数；

$\dfrac{16}{12}$——以 C 表示的 CH_4 排放转换为以 CH_4 表示的转化

系数；

298——N_2O 相对于 CO_2 的全球增温潜势 (IPCC，2013)(t
CO$_{2\text{-e}}$)；

34——CH_4 相对于 CO_2 的全球增温潜势 (IPCC，2013) (t
CO$_{2\text{-e}}$)。

（3）项目实施后秸秆燃烧引起的 N_2O 和 CH_4 排放

由于气候智慧型农业注重农业废弃物的循环利用和秸秆还
田，因此，不存在秸秆燃烧的事件，也没有相应温室气体的
排放。

（4）项目实施后机械燃油燃烧CO_2排放量

根据实施气候智慧型农业管理措施的整地、施肥、灌溉等需要使用的机械设备或者电力情况，确定各种活动使用的机械种类、耗油种类、单位耗油（电）量，如每小时或每hm^2耗油（电）量，按不同机械和燃油种类计算耗油量，采用下述公式计算燃油机械燃烧化石燃料和消耗电力引起的CO_2排放：

$$PE_{\text{Equipment},t} = \sum_i \left(CSP_{\text{diesel},t} \cdot EF_{\text{diesel}} + CSP_{\text{gasoline},t} \cdot EF_{\text{gasoline}} + CSP_{\text{electricity},t} \cdot EF_{\text{electricity}} \right) \cdot 10^{-3} \tag{17}$$

式中：

$PE_{\text{Equipment},t}$——项目实施后农田每年因管理措施施用机械的碳排放量($t\ CO_{2\text{-e}}/hm^2$)；

$CSP_{\text{diesel},t}$——第t年柴油消耗量(L)；

EF_{diesel}——柴油燃烧CO_2排放因子，IPCC参考值=2.64 kg $CO_{2\text{-e}}/L$；

$CSP_{\text{gasoline},t}$——第t年汽油消耗量(L)；

EF_{gasoline}——汽油燃烧CO_2排放因子，IPCC参考值=2.26 kg $CO_{2\text{-e}}/L$；

$CSP_{\text{electricity},t}$——第$t$年电力消耗量(kW·h)；

$EF_{\text{electricity}}$——电力消耗的CO_2排放因子电的碳排放强度，[中国大部分地区用煤发电，煤电的碳排放强度为0.92 kg $CO_{2\text{-e}}/(KW·h)$ (BP China，2007)]；

t——项目开始后的年数(a)。

（5）造林碳汇量

气候智慧型农业注重农农业和林业系统的结合，实施过程中利用人工造林增加了系统的碳汇。由于当地常规措施中没有造林的事件，基线造林碳汇量为零。本研究采用生物量异速生长方程法（附录C）逐株计算样地内每株林木的生物量，累加计算项目实施后散生木的地上生物量和地下生物量碳库中的碳储量，即：

$$C_{\mathrm{PROJ},AB,i,t} = \sum f_{AB\_Tr,j}\left(DBH,H\right)\cdot CF_j \tag{18}$$

$$C_{\mathrm{PROJ},BB,i,t} = \sum f_{BB\_Tr,j}\left(DBH,H\right)\cdot CF_j \tag{19}$$

$$C_{\mathrm{PROJ},BB,i,t} = C_{\mathrm{PROJ},AB,i,t}\cdot R_{jk} \tag{20}$$

式中：

$C_{\mathrm{PROJ},AB,i,t}$——第 t 年第 i 碳层地上生物量碳库中的碳储量(t C/ hm²)；

$C_{\mathrm{PROJ},BB,i,t}$——第 t 年第 i 碳层地下生物量碳库中的碳储量(t C/ hm²)；

$f_{AB\_Tr,j}(DBH,H)$——j 树种地上生物量异速生长方程(t DM·株⁻¹)；

$f_{BB\_Tr,j}(DBH,H)$——j 树种地下生物量异速生长方程(t DM·株⁻¹)；

DBH——j 树种第 t 年第 i 碳层的平均胸径(cm)；

H——j 树种第 t 年第 i 碳层的平均树高(m)；

CF_j——j 树种平均含碳率；

Rj_k——j 树种 k 年龄林分生物量根茎比；

t——项目开始后的年数(a)；

j——树种(j=1，2，…，J)。

通过收获法建立单株生物量与胸径（DBH）（一元）或胸径和树高（H）（二元）的异速生长方程，方程形式如：

$$\ln B = a_1 + a_2\ln\left(DBH\right) \tag{21}$$

$$\ln B = a_1 + a_2\ln\left(DBH\right) + a_3\ln H \tag{22}$$

式中：

B——生物量(t DM·株⁻¹)；

DBH——胸径(cm)；

H——树高(m)；

$a_1 \sim a_3$——参数。

造林碳汇总量见以下公式：

$$C_{\mathrm{PROJ}} = C_{\mathrm{PROJ},AB,i,t} + C_{\mathrm{PROJ},BB,i,t} \qquad (23)$$

式中：

$C_{\mathrm{PROJ},AB,i,t}$——第 t 年第 i 碳层地上生物量碳库中的碳储量(t C/hm²)；

$C_{\mathrm{PROJ},BB,i,t}$——第 t 年第 i 碳层地下生物量碳库中的碳储量(t C/hm²)。

2.9　碳汇减排监测

2.9.1　监测的原则

项目的碳汇计量和监测必须遵循下述原则：

（1）保守性原则

如果活动水平的确定或参数的选择导致项目净碳汇量最终被低估，例如：①基线情景下的碳储量增加量被高估，或②项目情景下的碳储量增加量被低估，或③项目情景下的排放量被高估，则项目净碳汇量计量结果取被低估的值。反之，则是不保守的。

（2）透明性原则

除个别涉及商业机密的数据外，活动水平和碳计量参数的确定方法和数据应公开、透明，并易于为公众所获取。

（3）可比性原则

采用的碳计量参数应具有可比性，如果所选择的当地参数超出IPCC或国家水平参数值的正常范围，应详细说明其理由。

（4）确定性原则

碳计量和监测须尽可能采取必要措施，提高计量和监测的精度和准确性，降低不确定性。监测报告中须包括不确定性分析和评价。

（5）经济性原则

随着碳计量和监测精度和准确性的提高，计量和监测的成本往往呈指数增加。因此在选择碳计量和监测方法时，包括确定参数时，既要考虑计量和监测的精度和准确性，也要考虑成本因素，亦即需要在计量和监测的精度和准确性与成本之间寻找一个合理的成本有效的平衡点。

2.9.2　监测实施技术路线

该项目在保持粮食产量的基础上，一方面通过低排放技术应用，对 N_2O 和 CH_4 等温室气体实现直接减排；另一方面，通过提高土壤有机碳含量，增加农田土壤碳汇。本次监测包括项目点基准线调查研究、建立监测点、确定监测指标、选择碳汇计量和监测方法、碳汇减排评估，实施技术路线见图 2-1。

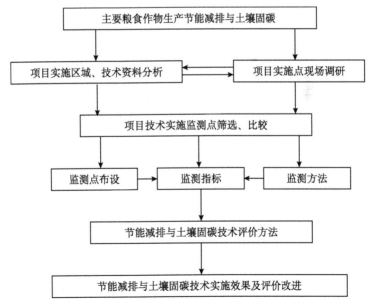

图 2-1　气候智慧型农业监测方案技术路线图

2.9.3 监测点布设方案

项目监测点分别设在安徽省怀远县和河南省叶县。各监测点需要设立 1 个能代表该地区管理水平的对照地，以及 1 个项目实施过程中这些对照地上碳的变化情况，即项目地。项目地和对照地上减排和固定碳的差额就可以认为是项目产生的碳固定效果。项目地和对照地需要各设置 3～4 个处理小区，以消除测定过程中的误差。温室气体取样方案要求连续观测 2～3 年。土壤碳变化要求观测整个项目期，即 5 年，如表 2-3 所示。

表 2-3　温室气体和土壤碳监测点布设方案

监测地点	种植模式	监测类型	实施地点与设置
安徽怀远	水稻小麦轮作	N_2O 和 CH_4	项目地和对照地需各设置 3 个处理小区（根据需要还需设置一个无氮肥的处理小区）。小区面积要足够大（约 100 m²），以便留出足够的土壤、植物破坏性采样空间。设置对照地目的，在于获取基线 N_2O 和 CH_4 排放量和有机碳值；设置项目地的目的，在于获取项目实施的效果；设置无肥处理的目的，在于获取 N_2O 的直接排放系数和背景排放系数
		土壤有机碳	
河南叶县	小麦玉米轮作	N_2O	
		土壤有机碳	

2.9.4 监测内容

项目监测内容包含粮食产量、农田生产投入碳成本（即温室气体泄露）、农田固碳量、温室气体（N_2O 和 CH_4）排放四个方面，见表 2-4。其中，生物质碳库不包含在监测内容中，虽然农作物能固定大气中的 CO_2，但由于籽粒收获、生物质分解等又从农田带走，因此，只有将其转化为土壤有机碳（SOC），才算真正意义上的固碳。同时，在旱地土壤中，CH_4 排放量非常微弱，可以忽略不计，因此在河南小麦玉米轮作系统只需要监

测 N_2O 的排放。在项目实施阶段需要确定协作单位及试验人员、编写相应的培训资料及人员培训、仪器数据采集等。

表 2-4　农田固碳减排监测指标

指标	指标内容	测定方法
粮食产量	单位产量，作为约束性指标	田间取样，直接测定
农田碳库变化量	土壤有机碳变化量	田间取样，实验室分析
N_2O	旱地和稻田土壤直接排放	直接监测和模型模拟法
CH_4	稻田排放	直接监测和模型模拟法
燃油 CO_2	播种、耕作、灌溉等直接耗油、耗电。	田间调查，排放系数法
秸秆燃烧量	秸秆燃烧排放 N_2O 和 CH_4	田间调查，排放系数法

2.9.5　项目需要的监测参数

确定好项目监测内容之后，根据核算碳汇减排的计量公式，需要具体的监测参数以满足计算要求，项目需要监测的参数见表 2-5。

表 2-5　项目监测参数

序号	参数	单位	描述	监测/记录频率	测定方法和程序
1. 温室气体排放监测指标	N_2O	t N_2O/a	基线或项目施用氮肥引起的 N_2O 排放量	每月至少观测 2 次，并在施肥灌溉等管理措施后，增加取样频率，要求观测 2 个轮作生长季	第一步用静态箱—气相色谱直接监测法计算基线或项目 N_2O 排放量 第二步用直接监测的 N_2O 排放量验证 DNDC 模型 第三步用 DNDC 模型计算基线或项目 N_2O 排放量
	CH_4	t CH_4/a	基线或项目 CH_4 排放量	每月至少观测 2 次，并在施肥灌溉等管理措施后，增加取样频率，要求观测 2 个轮作生长季	第一步用静态箱—气相色谱直接监测法计算基线或项目 CH_4 排放量 第二步用直接监测的 CH_4 排放量验证 DNDC 模型 第三步用 DNDC 模型计算基线或项目 CH_4 排放量

（续）

序号	参数	单位	描述	监测/记录频率	测定方法和程序
1. 温室气体排放监测指标	$CSP_{diesel,t}$	L/a	计算基线或项目燃油消耗CO_2排放量。	第t年柴油消耗量，计入期内每一次播种、耕作、灌溉、收获等燃油消耗量	根据项目设计的整地、灌溉、抽水等需要使用的机械设备或者电力情况，确定各种活动使用的机械种类、耗油种类、单位耗油（电）量（如每小时或每hm^2耗油（电）量），按不同机械和燃油种类计算耗油量
	$B_{burn,t,i}$	t	计算基线或项目秸秆燃烧排放的温室气体量。	第t年第i基线碳层秸秆燃烧的生物量内每次秸秆燃烧的量	随机抽样调查方法计算基线秸秆燃烧量
2. 碳汇监测指标	SOCC	gC/100g土壤	计算土壤碳汇	土壤有机碳含量，每年监测一次，监测时间为第四季度	由专家或有经验的技术人员负责分土层采集土壤样品（如$0 \sim 20$ cm、$20 \sim 40$ cm），在每个抽样点重复采集5个样品，并将样品送至有检验资质的实验室，采用碳氮分析仪测定土壤有机碳含量（也可用其他方法测定）
	BD	g/cm³	计算土壤碳汇	土壤容重，每年监测一次，监测时间为第四季度	在每个采样点，用环刀分层各取原状土样一个，称土壤湿重，估计直径大于2 mm石砾、根系和其他死有机残体的体积百分比。每个采样点每层取1个混合土样，带回室内105℃烘干至恒重，测定土壤含水率，计算环刀内土壤的干重和各土层平均容重

（续）

序号	参数	单位	描述	监测/记录频率	测定方法和程序
2. 碳汇监测指标	DBH, H	cm, m	计算林木碳汇	胸径、树高，每 5 年监测一次，监测时间为第四季度.	第一步，选择样地。可采取随机抽样调查方法，设置临时调查样地（样地面积 900 m²），样地数量取决于每层内散生木的变异性，但每个碳层应不少于 3 个样地 第二步：测定样地内所有活立木的平均胸径（DBH）、（或）平均树高（H）和株数 第三步：利用生物量方程 f_{AB_j}（DBH,H）计算每株林木地上生物量，通过地下生物量/地上生物量之比例关系（R_j）计算整株林木生物量，再累积到样地水平生物量和碳储量

2.9.6　监测方法具体程序

（1）粮食产量

田间试验监测是获取粮食产量的最直接方法，一般采取理论测产和实际测产方式进行。但需注意的是农田管理技术对于粮食产量的影响时间具有不一致性。如粮食产量的增加可在短期内（3 年）体现出来，但也可能在 15 年的时间尺度上无显著变化；减少氮肥施用量对粮食产量第 1 年影响不大，但第 2 年却表现出明显差异；深松和传统耕作在 2 年内即可产生显著差异，但免耕（少耕）和传统耕作在短期内（5～7 年）却无显著差异，此外涉及秸秆还田的处理对产量的效应需要多年以上的时间才能得到。因此检验农田管理技术对粮食产量影响应进行多年的田间试验。

（2）农田 N_2O、CH_4 排放和土壤碳储量变化农田土壤温室气体（N_2O 和 CH_4）排放量和碳库变化量可通过田间试验直接监测法和模型模拟法 2 种方法获得。

直接监测法是利用田间试验的方法对温室气体排放和固碳量进行直接监测。农田 N_2O 和 CH_4 排放通量的测定方法主要有微气象学法、静态箱（或动态箱）—气相色谱法及同位素法等，其中静态箱—气相色谱法应用最为广泛。该方法主要是通过测定一定时间内（一般是 30 min 内，采样时间一般在早上9:00 ~ 11:00 进行，这一时段的排放通量与日平均通量相当并且操作性强），不同时间点静态箱内温室气体浓度的变化（气相色谱仪测定），利用线性回归分析得出箱内温室气体浓度变化率，再将生长季内每次观测值按时间间隔加权累加平均后，便可得到该温室气体的季节排放量。对于气体通量监测，平常每周观测 1 次，特殊时期需加强观测：施肥后每天观测 1 次，连续观测 5 ~ 7 天；降雨后加强，其中小、中雨后连续观测 3 ~ 5 天，大、暴雨后连续观测 5 ~ 10 天；耕作后连续观测 5 天左右。

有机碳储量变化的监测目前采用田间取样直接分析法。这种方法首先测定项目计量起始年有机碳储量，项目实施数年后，再次测定其碳储量，将两次碳储量相差，便可得到有机碳储量变化量。公式如下：

$$SOC = SOC' \times BD \times H \times 10$$
$$dSOC = (SOCn - SOC_1)/n \tag{24}$$

式中：$dSOC$ 为 n 年的土壤 SOC 库变化值，值为正，则体现为固碳，为负，则说明这几年有机碳库有所损失；SOC 为土壤有机碳库，$g \cdot m^{-2}$ 或 kg/hm^2；SOC' 为土壤有机碳含量，g/kg；BD 为土壤容重，$g \cdot cm^{-3}$；H 为土层厚度（一般采用耕作深度），cm。

但是由于田间直接监测的成本较高，劳动力要求大，项目可只进行 1 ~ 2 年的观测。近年来模型法由于低成本和模拟结果高准确性的优势，已发展的日益成熟，并被诸多学者用来估算农田生态系统有机碳动态变化和温室气体的排放。目前应用最为广泛的是 DNDC、Century、RothC 3 个模型，而这 3 个模型经过数年的发展，其模拟结果愈来愈可靠。通过表 2-6 可以看出，三个模型当中 DNDC 模型的功能较为完整，可以模拟不同农田管理技术对 SOC、N_2O 和 CH_4 的影响。因此在监测 2 年的情景下，可以基于观测的数据对模型进行验证，然后利用模型对未来几年的固碳减排量进行估算，达到节约成本和数据质量保证的双重效果。

表 2-6　RothC，CENTURY 和 DNDC 的优劣比较

模型类别	主要优势	主要不足
RothC	1.是建立在洛桑实验站 100 多年长期定位实验数据之上的，参数比较简单，易获取 2.模型具有灵活性，可根据数据的可获得性分为两种模式来运行	1.不含植物生长的子模型 2.不适合湿地、热带土壤 3.不考虑碳氮交互作用，不能模拟 N_2O、CH_4 等温室气体排放
CENTURY/ DAYCENT	1.目前应用广泛的有机碳模型之一 2.可模拟作物产量和 N_2O 排放	1.有机碳动态模拟和预测主要在我国东北黑土得到应用，N_2O 排放方面主要应用在欧美地区 2.不能模拟稻田 CH_4 排放、施肥方式和灌溉方式 3.化肥种类仅包括硝态氮肥和氨肥
DNDC	1.被指定为亚太地区的首选生物地球化学模型 2.目前在农业 N_2O 排放上应用的最为广泛 3.可估算稻田 CH_4 排放 4.可模拟作物产量	在低施 N 量或不施 N 的情况下，模拟效果不佳。优缺点：利用模型模拟的方法来计量项目固碳减排量，能够以较少的成本得到比较准确的结果。但在运用该方法时，需要搜集能够运行这些模型的有效数据，并且需要根据当地的农业土壤类型和种植类型调整模型内部参数，以便得到更加可信的结果

2.9.7　质量保证和质量控制

为确保项目净碳汇量,特别是碳储量变化的测定和监测准确、可靠、透明、可核查,项目实施主体或参与方应实施如下质量保证和质量控制(QA/QC)程序。

(1)可靠的野外测定

为确保可靠的野外测定,项目参与方或实施主体应实施如下质量保证和质量控制程序:

①制定详细的监测计划。

②制定野外测定和数据收集的技术步骤和细则,用于每一步野外测量工作,野外测量的所有细节都要记录在案以便于核查。

③对从事野外测量工作的人员就业外数据收集和数据分析进行培训。培训课程应确保每个野外工作组的成员,能全面了解准确收集数据的所有步骤及其重要性。为达到这一目的,除进行课堂考试外,还需要进行野外现场操作考试。只有通过考试的学员才可以参加调查工作组。任何新的调查工作人员都需进行适当的培训。

④在监测报告中,应包括如何执行上述步骤的描述,包括列出野外工作组组员的所有人员名字,而且项目负责人要确认组员得到了培训。

(2)野外调查测定数据的核实

在监测计划中须描述野外调查数据的核对和纠错程序,至少包括以下内容:每10个固定样地中随机抽取1个样地(抽取的总样地数不应少于3个),采用相同的方法和设备,进行重复测定(该测定应为与原调查组不同的调查组完成)。计算两次测定的误差,发现并纠正可能发生的错误。两次测定的误差应不超过以下标准。

胸径:±0.5cm或3%(选其最大者)

树高:+10%或-20%

当土壤有机质含量＜1%时，平行测定结果不得超过 0.05%

含量为 1%～4%时，不得超过 0.10%

含量为 4%～7%时，不得超过 0.30%

含量＞7%时，不得超过 0.50%

如果两次测定的误差没有达到上述任何一项标准，应采取以下措施：

①检查两次测定的原始记录。

②如果不能找到误差原因，在碳储量变化计算时排除该样地。同时从同一样地组中重新随机选择一个样地，再次进行核定，以确定在其他样地中是否存在同样的误差。

③描述开展上述有关工作的详细过程，保留并归档原始记录、修正记录、验证记录。如果发现误差是由于对标准操作程序的理解不同引起的，应共同对操作程序进行修正。

（3）数据录入和分析

为在数据录入过程中尽可能减少错误，录入的野外调查数据和实验室数据都应由一个独立专家组进行复核，并与独立的数据进行比较以确保数据的一致性。

如果发现错误或异常情况，需与所有参与测定和分析数据的人员进行的交流，找到问题的原因及解决办法。如果发生了任何难以解决的监测数据问题，该样地不能用于分析目的。

描述执行上述工作的程序，归档相关资料。

（4）数据归档

数据的归档方式包括电子版和印刷版，所有数据备份给每个项目参与方。所有的电子版数据和报告均须通过可永久存放的载体如光盘备份，这些光盘的备份件将存放在不同位置。存档的内容包括：

①所有原始的外业测量数据、实验室数据、数据分析和电子数据表的备份件。

②所有碳库碳储量的变化以及非CO_2温室气体排放的估算

数据，以及相关的电子数据表。

③各种图件，包括GIS生成的文件。

④测量监测报告的备份文件。

2.9.8 不确定性分析

（1）不确定性主要来源

通常情况下，项目边界内的温室气体排放、泄漏以及基线碳储量变化相对较小，项目碳储量变化构成项目净碳汇量的主体。项目碳储量变化主要基于固定样地的抽样测定。因此，本指南的不确定性分析主要针对固定样地的抽样测定，主要来源于：

①立地条件的异质性：尽管采取分层抽样措施，但同一层内仍存在一定程度的异质性，从而导致不同样地之间的测定结果的差异。

②样地测定误差。

③计算过程中使用的相关参数（排放系数、根－茎比、碳含量等）、方程等。

④由于方法学本身引起的系统误差。

⑤野外测定、室内分析和数据处理过程中的系统误差。

本指南要求项目碳储量变化的测定和监测的总体标准误应控制在20%以内。

（2）项目总体碳储量的误差计算

由于项目碳储量的不确定性起源于不同项目碳层、不同农户、不同的固定样地，因此首先应在固定样地水平上计算标准误，然后采用简单的误差传递方法逐级估计误差，最终获得项目总体碳储量的误差。

①当某一估计值为n个估计值之和或差时，该估计值的标准误差采用下式计算。

$$U_c = \frac{\sqrt{\left(U_{s1} \cdot \mu_{s1}\right)^2 + \left(U_{s2} \cdot \mu_{s2}\right)^2 + \cdots + \left(U_{sn} \cdot \mu_{sn}\right)^2}}{\left|\mu_{s1} + \mu_{s2} + \cdots + \mu_{sn}\right|}$$

$$= \frac{\sqrt{\sum\limits_{n=1}^{N}\left(U_{sn} \cdot \mu_{sn}\right)^2}}{\left|\sum\limits_{n=1}^{N} \mu_{sn}\right|} \tag{25}$$

式中：

U_c——n个估计值之和或差的标准差(%)；

$U_{s1}, \cdots, U_{sn}$——n个相加减的估计值的标准差(%)；

$\mu_{s1}, \cdots, \mu_{sn}$——$n$个相加减的估计值。

②当某一估计值为n个估计值之积时，该估计值的标准误差采用下式计算。

$$U_C = \sqrt{U_{s1}^2 + U_{s2}^2 + \cdots + U_{sn}^2}$$

$$= \sqrt{\sum\limits_{n=1}^{N} U_{sn}^2} \tag{26}$$

式中：

U_C——n个估计值之积的标准误差(%)；

$U_{s1}, \cdots, U_{sn}$——n个相乘的估计值的标准误差(%)。

2.9.9 核查

核查是在项目参与方或实施主体完成监测，并递交监测报告后，由第三方核查机构对监测的精度、可靠性、透明性、保守性、质量保证和质量控制程序以及碳储量变化测定的不确定性进行的独立评估。

核查过程包括监测报告的审查和现场核定。监测报告的审查是在室内进行，主要审查内容包括：

①监测报告是否完整。

②监测计划得以正确执行。

③监测方法是否正确以及是否得以有效实施，包括项目边界确定是否正确可靠、分层方法是否正确、各碳层各树种和年龄林分面积的确定方法是否正确、抽样设计方法是否正确、采用的计算公式和参数选择是否正确。

④参数选择是否采取了保守的方式。

⑤是否制定了质量保证和质量控制程序并得以实施。

⑥不确定性分析方法是否正确可靠。

⑦野外测定、室内分析以及数据处理是否透明，相关文件资料是否完整。

第3章

气候智慧型农业碳汇减排计量方法学应用

3.1 项目概况

为解决中国农业生产中普遍存在的高投入、低利用率问题，更好地借鉴国际经验，广泛开展国际合作，中国政府农业农村部（MOA，项目执行方）通过世界银行（WB，GEF国际实施单位）向全球环境基金（GEF）申请了"气候智慧型主要粮食作物生产项目"（WB Pro No.144531/GEF Pro No.5121）（以下简称"项目"）。本项目由农业农村部组织实施。项目以推进粮食主产区农田生产节能减排与固碳能力提升为核心目标，注重提高项目区粮食生产的灾害适应能力与作物生产力，切实保障项目区农民各项利益。项目围绕水稻、小麦、玉米三大粮食作物生产系统，在中国粮食主产区安徽和河南建立示范区，开展作物生产减排增碳的关键技术集成与示范、配套政策的创新与应用、公众知识的拓展与提升等活动，以提高化肥、农药、灌溉水等投入品的利用效率和农机作业效率，稳定或者提高作物产量，减少作物系统碳排放，增加农田土壤碳储量。通过新技术示范、政策创新和公众意识提高，建立气候智慧型作物生产体系，增强项目区作物生产对气候变化的适应能力，推动中国农业生产的节能减排行动，为中国其他地方以及世界作物生产应对气候变化提供成功经验和技术典范。项目执行期为2015—2020年，建设地点为安徽省蚌埠市怀远县万福镇和兰桥乡的12个行政村；河南省平顶山市叶县龙泉乡与叶邑镇的28个行政村。

3.2 确定项目边界

实施项目活动的地理范围，项目活动在若干个不同的地块上进行，每个地块都有特定的地理边界。

本项目中，2个项目点边界分别为：

项目点一：怀远县示范区（图3-1），包括万福镇和兰桥乡下属的12个行政村，示范面积3 333 hm²，种植模式为水稻小麦轮作。

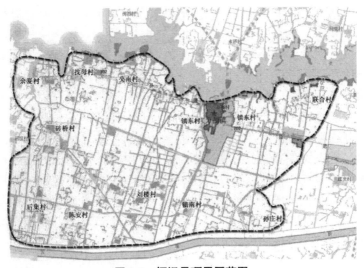

图3-1 怀远县项目区范围

项目点二：叶县项目区位于龙泉乡与叶邑镇（图3-2），其

中龙泉乡涉及铁张、大何庄、冢张等 21 个行政村，叶邑镇涉及
同心寨、蔡庄、大王庄等 7 个行政村，种植模式为小麦玉米轮
作，总面积 3 329 hm^2。

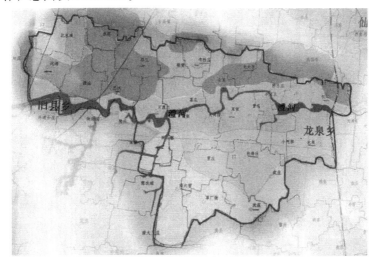

图 3-2 叶县项目区范围

3.3 温室气体排放源和碳库的确定

根据项目区的主要目的和特点，安徽怀远和河南叶县项目
区监测的温室气体排放源和碳库的确定如表 3-1 和表 3-2。

表 3-1 项目监测的温室气体排放源

监测地点	监测的排放源	温室气体	计入/排除	理由/解释
安徽怀远	农田直接排放	N_2O	计入	肥料施用的主要排放源
		CH_4	计入	水稻季主要排放源
		CO_2	排除	据IPCC指南，不计量作物生长、移除、燃烧、分解等CO_2排放量

（续）

监测地点	监测的排放源	温室气体	计入/排除	理由/解释
安徽怀远	化肥生产	N_2O	排除	不排放
		CO_2	排除	项目边界外排放，不考虑
		CH_4	排除	不排放
	农机具使用	N_2O	排除	不排放
		CO_2	计入	耕作、灌溉、播种、喷药、收获、运输等消耗柴油、汽油或电力排放
		CH_4	排除	不排放
	秸秆燃烧	N_2O	计入	主要排放源
		CH_4	计入	主要排放源
		CO_2	排除	据IPCC指南，不计量作物燃烧CO_2排放
河南叶县	农田直接排放	N_2O	计入	主要排放源
		CH_4	排除	不排放
		CO_2	排除	据IPCC指南，不计量作物生长、移除、燃烧、分解等CO_2排放量
	化肥生产	N_2O	排除	不排放
		CO_2	排除	项目边界外排放，不考虑
		CH_4	排除	不排放
	农机具使用	N_2O	排除	不排放
		CO_2	计入	耕作、灌溉、播种、喷药、收获、运输等消耗柴油、汽油或电力排放
		CH_4	排除	不排放
	秸秆燃烧	N_2O	计入	主要排放源
		CH_4	计入	主要排放源
		CO_2	排除	据IPCC指南，不计量作物燃烧CO_2排放

表 3-2　项目边界内的碳库

地点	碳库	选择	理由/解释
安徽怀远	地上部分生物量	考虑	只考虑农地上的造林碳库
	地下部分生物量	考虑	只考虑农地上的造林碳库减少
	死木	不考虑	量少或不含，可以不考虑
	枯枝落叶	不考虑	量少或不含，可以不考虑
	土壤有机碳	考虑	碳汇主要监测指标
河南叶县	地上部分生物量	考虑	只考虑农地上的造林碳库
	地下部分生物量	考虑	只考虑农地上的造林碳库
	死木	不考虑	量少或不含，可以不考虑
	枯枝落叶	不考虑	量少或不含，可以不考虑
	土壤有机碳	考虑	碳汇主要监测指标

3.4　泄露量的估算

目前，项目区气候智慧型农业的开展不会影响其他地区管理措施的变化，因此，不存在负的泄漏。在农户调研过程中，由于农民的习惯不能直接统计运输、储运和施用过程中所消耗的燃油量，低估了由于燃油、电力等消耗量，根据保守性原则，可不予估计。本项目的泄漏为 0，即 $LEy=0$。

3.5　抽样设计和分层

根据项目区土地的不同种植制度、作物类型、农地类型、管理措施等差异，对安徽怀远、河南叶县项目点进行分层（表3-3 和表3-4）。

表3-3 安徽怀远项目点基线分层

事前基线碳层编号	土壤类型	种植户	作物类型	项目村	耕地总面积（亩）
BSL-1	棕壤	小户	小麦—水稻	找母村、芡南村、镇东村、镇西村、联合村、余夏村	41 740
BSL-2	砂姜黑土	大户	小麦—水稻	砖桥村、刘楼村	11 832
BSL-3	砂姜黑土	小户	小麦—水稻	后集村、陈安村、镇南村、孙庄村	29 662

表3-4 河南叶县项目点基线分层

事前基线碳层编号	土壤类型（亚类）	种植户	作物类型	项目村	耕地总面积（亩）
BSL-1	黄褐土（黄胶土）	小农户	小麦—玉米	白浩庄、龙泉、小河郭、贾庄	7 544
BSL-2	黄褐土（潮黄胶土）	小农户	小麦—玉米	南大营、同心寨、沈庄、草厂街、武庄	11 114
BSL-3	黄褐土（黄壤土）	小农户	小麦—玉米	冢张、万渡口、权印、郭吕庄、大河庄、小河王、慕庄、铁张、大湾张、曹庄	17 885
BSL-4	黄褐土（深黄胶土）	小农户	小麦—玉米	牛杜庄、楼樊	3 550
BSL-5	黄褐土（黄老土）	小农户	小麦—玉米	蔡庄、思城、北大营、全集、段庄、连湾、沈湾	12 121

3.6　项目监测点布设方案

3.6.1　监测具体参数

监测参数包括项目所需的直接参数，如 N_2O、CO_2 和 CH_4 等温室气体以及土壤有机碳等（表 3-5），以及 DNDC 模型所需的参数，如参照地块的详细信息、特定位置、气候数据、土壤、水分管理、施肥管理以及有机肥施用等（表 3-5）。测定要求在该领域背景专家的指导和培训下，由专门人员来实施。

DNDC 模型模拟所需参数：由于田间直接监测的成本较高，劳动力要求大，项目可只进行 1 ～ 2 年的田间观测，后 3 ～ 5 年，在利用前 2 年观测数据验证 DNDC 模型的基础上，可通过该模型对项目固碳减排量进行模拟计算。模型所需输入的参数如表 3-6 所示。

表 3-5　项目监测参数

序号	参数	单位	描述	监测/记录频率	测定方法和程序
1.温室气体排放监测指标	N_2O	t N_2O/a	基线或项目施用氮肥引起的 N_2O 排放量	每月至少观测 2 次，并在施肥灌溉等管理措施后，增加取样频率，要求观测 2 个轮作生长季	第一步用静态箱—气相色谱直接监测法计算基线或项目 N_2O 排放量　第二步用直接监测的 N_2O 排放量验证 DNDC 模型　第三步用 DNDC 模型计算基线或项目 N_2O 排放量

(续)

序号	参数	单位	描述	监测/记录频率	测定方法和程序
1. 温室气体排放监测指标	CH_4	t CH_4/a	基线或项目 CH_4 排放量	每月至少观测 2 次，并在施肥灌溉等管理措施后，增加取样频率，要求观测 2 个轮作生长季	第一步用静态箱—气相色谱直接监测法计算基线或项目 CH_4 排放量 第二步用直接监测的 CH_4 排放量验证 DNDC 模型 第三步 DNDC 模型计算基线或项目 CH_4 排放量
	$CSP_{diesel,t}$	L/a	计算基线或项目燃油消耗 CO_2 排放量	第 t 年柴油消耗量。计入期内每一次播种、耕作、灌溉、收获等燃油消耗量	根据项目设计的整地、灌溉、抽水等需要使用的机械设备或者电力情况，确定各种活动使用的机械种类、耗油种类、单位耗油（电）量（如每小时或每 hm^2 耗油（电）量），按不同机械和燃油种类计算耗油量
	$B_{burn,t,i}$	t	计算基线或项目秸秆燃烧排放的温室气体量	第 t 年第 i 基线碳层秸秆燃烧的生物量内每次秸秆燃烧的量	随机抽样调查方法计算基线秸秆燃烧量
2. 碳汇监测指标	$SOCC$	gC/100g土壤	计算土壤碳汇	土壤有机碳含量，每年监测一次，监测时间为第四季度	由专家或有经验的技术人员负责分土层采集土壤样品（如 0～20 cm 和 20～40 cm），在每个抽样点重复采集 5 个样品，并将样品送至有检验资质的实验室，采用碳氮分析仪测定土壤有机碳含量（也可用其他方法测定）

（续）

序号	参数	单位	描述	监测/记录频率	测定方法和程序
2. 碳汇监测指标	BD	g/cm³	计算土壤碳汇	土壤容重，每年监测一次，监测时间为第四季度	在每个采样点，用环刀分层各取原状土样一个，称土壤湿重，估计直径大于 2 mm 石砾、根系和其他死有机残体的体积百分比。每个采样点每层取 1 个混合土样，带回室内 105℃烘干至恒重，测定土壤含水率，计算环刀内土壤的干重和各土层平均容重
	DBH, H	cm, m	计算林木碳汇	胸径、树高，每 5 年监测一次，监测时间为第四季度	第一步，选择样地。可采取随机抽样调查方法，设置临时调查样地（样地面积 900 m²），样地数量取决于每层内散生木的变异性，但每个碳层应不少于 3 个样地 第二步：测定样地内所有活立木的平均胸径（DBH）、（或）平均树高（H）和株数 第三步：利用生物量方程 $f_{AB,j}(DBH,H)$ 计算每株林木地上生物量，通过地下生物量/地上生物量之比例关系（Rj）计算整株林木生物量，再累积到样地水平生物量和碳储量

表 3-6　DNDC模型运行所需输入参数

项　目	输入参数
地理位置	模拟地点的名称、经纬度、模拟的时间尺度
气象	日最高气温、最低气温和日降水量
土壤	土壤pH、质地、容重、土壤表层土初始有机质含量
植被	农作物种类、复种或轮作类型
管理	播种与收获日期，作物地上部分还田的比例犁地次数、时间及深度，化肥和有机肥施用次数、时间、深度、种类及数量，灌溉次数、时间及灌水量，除草及放牧时间及次数

　　DNDC模型是一个基于过程机理的用于农业生态系统中模拟碳氮的生物地球化学模型，最初是为了模拟美国农田土壤 N_2O 排放量而开发的，经过几十年的发展，目前成为最成功的生物地球化学循环之一，同时也是应用最广泛的过程模型之一。已成为国际上农田固碳减排评价方法学运用的主要工具之一。DNDC模型能够全面准确模拟碳氮气体的排出，包括农田 N_2O、CH_4 和 CO_2 气体的排放。目前模型已成功的在中国不同耕作制度下的若干研究中得以应用，包括有华北地区的冬小麦—夏玉米轮作模式、西北地区的冬小麦—夏玉米轮作系统以及华东地区的小麦—水稻轮作系统，均取得较好的模拟效果。本研究在用DNDC模型模拟项目区农田温室气体排放之前，需对模型进行验证，以最大程度减少模拟误差，提高模拟结果精度。本研究利用项目区2015—2016年和2016—2017年田间实测的温室气体排放数据对模型进行了验证（图3-3和图3-4）。通过模拟值与实测值的对比发现，DNDC模型结果能较好地反映安徽怀远和河南叶县两地农田温室气体排放的实测值，模型对 N_2O 和 CH_4 排放总量的模拟较为精准，可以为后续不同年份的模拟提供一定的保证。

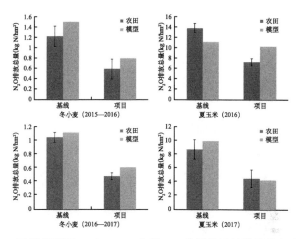

图 3-3 叶县项目区 2015—2017 年的 N_2O 排放总量的模拟值和实测值

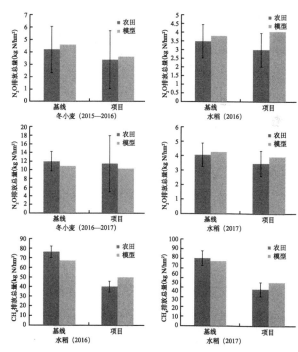

图 3-4 叶县项目区 2015—2017 年的 N_2O 和 CH_4 排放总量的模拟值和实测值

3.6.2 监测方法

产量监测：采用样方实际测产的方法。收获时，每个样点取 1 m×1 m 样方共 1 m² 进行测产（图 3-5）。将每个样方的生物量折算成 kg/hm²。

图 3-5 小麦季和水稻季温室气体监测

温室气体监测点布设：设立 1 个能代表该地区基准线和项目实施技术的基线和项目地块，并设置一个参照，无氮肥的模式。项目/基线地和参照地各设置 3～4 个重复，以消除测定过程中的采样误差（图 3-6）。根据经费和监测条件，本项目中可只进行 1～2 年的观测，然后基于观测的数据对 IPCC 推荐的模型方法进行验证，并选择利用 DNDC 模型对区域尺度实施的减排量进行估算。

温室气体测定时间：控制在 30 min 内，采样时间在早上

9:00—11:00 进行。不同时间点静态箱内温室气体（N_2O、CH_4）浓度的变化利用气相色谱仪测定，并采用线性回归计算得出温室气体的排放量。温室气体通量监测：每个月观测 2 次，在施肥或雨后（或灌溉）需加强观测：施肥后每天观测 1 次，连续观测 5 天；降雨（或灌溉）后加强，其中小、中雨后连续观测 3 ～ 5 天，大、暴雨后连续观测 5 ～ 7 天；耕作后连续观测 3 天。

图 3-6 小麦季和水稻季温室气体监测

土壤有机碳储量变化的监测：采用田间取样直接分析法（图 3-7）。根据收集的资料，依据土壤类型、地理位置、管理水平差异等将区域分成几块（层），每块作为一个监测单元，在每个监测单元内再随机布点，记录经纬度，通过计算项目实施前后两次碳储量的差值，便可得到有机碳储量变化量（图 3-8）。

图 3-7　土壤碳汇监测

2016年叶县土壤碳汇监测点分布　　　　2018年叶县土壤碳汇监测点分布

2017年怀远县土壤碳汇监测点分布　　　2018年怀远县土壤碳汇监测点分布

图 3-8　土壤碳汇监测样点分布

林木碳汇监测：第一步，选择样地。可采取随机抽样调查方法，设置临时调查样地（样地面积 900 m²），样地数量取决于每层内散生木的变异性，但每个碳层应不少于 3 个样地。第二步：测定样地内所有活立木的平均胸径（DBH）、（或）平均树高（H）和株数（图 3-9）。第三步：利用生物量方程 fAB,j（DBH,H）计算每株林木地上生物量，通过地下生物量/地上生物量之比例关系（Rj）计算整株林木生物量，再累积到样地水平生物量和碳储量。

图 3-9　林木碳汇监测

第4章

项目主要进展与实施成效

4.1 温室气体排放量

4.1.1 叶县项目区温室气体排放量

叶县项目区 2015—2020 年冬小麦基线和项目单位面积 N_2O 排放总量如图 4-1。相比非项目区，项目区单位面积 N_2O 排放总量年际间变化较稳定，且每年非项目区 N_2O 排放均高于项目区，

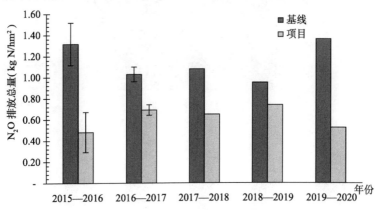

图 4-1 叶县项目区 2015—2020 年冬小麦基线和项目 N_2O 排放总量比较

项目区和非项目区单位面积N_2O排放总量年均值分别为 0.62 kg N/hm^2 和 1.15 kg N/hm^2，项目区单位面积减排率达到 46.2%。年际间非项目单位面积N_2O排放总量波动较大可能因为：相比项目区，非项目区更容易受到外界环境变化的扰动，人为因素更复杂。从N_2O排放总量分析，2016—2020 年小麦季项目区和非项目区累积N_2O排放总量分别为 2 645.53 和 4 751.19 t CO_{2-e}，累积减排总量达到 2 105.65 t CO_{2-e}，项目区减排 44.3%。表明项目周期内项目区减排效果稳定，且减排作用明显。

叶县项目区 2015—2019 年夏玉米基线和项目单位面积N_2O排放总量如图 4-2，每年非项目区单位面积N_2O排放均高于项目区，项目区和非项目区单位面积N_2O排放总量年均值分别为 4.90 kg N/hm^2 和 8.82 kg N/hm^2，项目区单位面积减排率达到 44.5%。从N_2O排放总量分析，2016—2019 年夏玉米季项目和非项目区累积N_2O排放总量分别为 14 433.57 和 23 632.99 t CO_{2-e}，累积减排总量达到 9 199.42 t CO_{2-e}。可见，在叶县项目区，温室气体的排放主要集中在夏玉米季，减排潜力较大，项目区能减排 38.9%，略低于小麦季的减排效果。

对于燃油消耗，叶县项目区灌溉以井灌为主，部分靠近河流

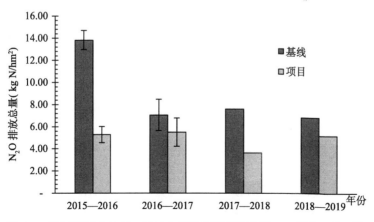

图 4-2 叶县项目区 2015—2019 年夏玉米基线和项目 N_2O 排放量总比较

田块采用河水灌溉。由于缺少配套高压电力系统，灌溉采用柴油机抽水结合小白龙管道的方式，一般小麦与玉米季各灌溉1次，每次消耗柴油量平均达96 L/hm²，根据公式计算可得燃油消耗排放882.2 t CO_{2-e}。2017以后叶县项目区基本上灌溉均以电力灌溉。由于基线和项目情景都需要消耗燃油以及电能，消耗量相差不明显，根据保守性原则，农业生产中排放CO_2减排为0。

叶县项目区2015—2020年基线和项目N_2O排放总量变化如图4-3，项目区和非项目区N_2O排放总量均呈现逐年递增的变化特征，同时，年际间非项目区的N_2O排放总量均大于项目区，非项目区N_2O年排放总量的变化范围为4 986.26 ~ 9 228.17 t CO_{2-e}，平均值达到了6 691.29 t CO_{2-e}。但是，项目区N_2O年排放总量的变化范围为1 996.74 ~ 7 027.75 t CO_{2-e}，平均值为4 113.46 t CO_{2-e}。不同于其他监测年份，2020年项目只监测了小麦季N_2O排放，又玉米季N_2O排放在整个轮作周期内占比较大，因此N_2O排放总量出现了下降。通过项目的实施，项目区年N_2O排放总量约降低38.5%，累积N_2O排放总量降低39.8%，减排效果理想。

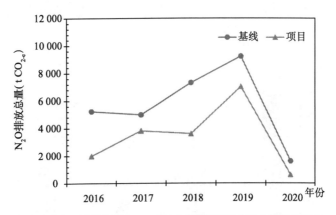

图4-3 叶县项目区2015—2020年基线和项目N_2O排放量变化

（注：2020年项目只监测了小麦季N_2O排放，又玉米季N_2O排放在整个轮作周期内占比较大，因此N_2O排放总量出现了下降）

4.1.2　怀远项目区温室气体排放量

怀远项目区 2015—2020 年冬小麦基线和项目单位面积 N_2O 排放总量如图 4-4，每年非项目区 N_2O 排放均高于项目区。项目区和非项目区单位面积 N_2O 排放总量年均值分别为 5.76 kg N/hm^2 和 7.17 kg N/hm^2，项目区单位面积减排率达到 19.6%。在 N_2O 排放总量方面，2016—2020 年小麦季项目区和非项目区累积 N_2O 排放总量分别为 33 803.20 和 41 027.82 t CO_{2-e}，累积减排总量达到 7 224.62 t CO_{2-e}，项目区减排 17.6%。可见，在冬小麦季项目的实施产生了良好的减排效果。

怀远项目区 2015—2019 年水稻季基线和项目单位面积 N_2O 排放量如图 4-5，单位面积非项目区 N_2O 排放均高于项目区。较低于小麦季，2015—2019 年水稻季项目区和非项目区单位面积 N_2O 排放总量年均值分别为 2.87 kg N/hm^2 和 3.30 kg N/hm^2，项目区单位面积减排率达到 13.1%。整个项目周期内，水稻季项目和非项目区的累积 N_2O 排放总量分别为 12 352.33 和 13 786.71 t CO_{2-e}，累积减排总量达到 1 434.38 t CO_{2-e}，项目区减排 10.4%。表明项目实施能够有效降低水稻季 N_2O 排放量。

怀远项目区 2015—2020 年 N_2O 排放总量基线和项目区变化

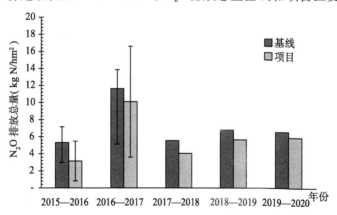

图 4-4　怀远项目区 2015—2020 年冬小麦基线和项目 N_2O 排放量比较

如图 4-6，项目区和非项目区 N_2O 排放总量变化波动较大，但整体变化趋势一致，年际间非项目区的 N_2O 排放总量均大于项目区。2016—2020 年非项目区 N_2O 年排放总量的变化范围为 $4\ 660.27 \sim 16\ 564.30\ t\ CO_{2-e}$，平均值达到了 $11\ 144.39\ t\ CO_{2-e}$。项目区 N_2O 排放总量的变化范围为 $2\ 999.32 \sim 14\ 451.51\ t\ CO_{2-e}$，平均值为 $9,243.61\ t\ CO_{2-e}$。相比非项目区，通过项目的实施，项目区年 N_2O 排放总量约降低 17.1%，累积 N_2O 排放总量降低

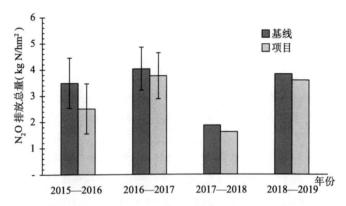

图 4-5　怀远项目区 2015—2019 年水稻季基线和项目 N_2O 排放量比较

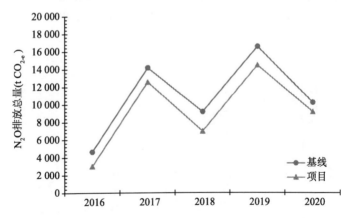

图 4-6　怀远项目区 2015—2020 年基线和项目 N_2O 排放量变化

（注：2020 年项目只监测了小麦季 N_2O 排放，2020 年 N_2O 排放总量出现下降）

15.8%。表明项目区减排效果明显。

对于安徽怀远项目点，CH_4 排放量主要集中在水稻季。2015—2019 年水稻季基线和项目 CH_4 排放量如图 4-7，每年非项目区 CH_4 排放均高于项目区，项目区和非项目区年单位面积 CH_4 排放量均值分别为 49.37 kg C/hm^2 和 76.25 kg C/hm^2，项目区单位面积 CH_4 排放量减排率达到 35.3%。

初步监测表明，怀远项目区：在农户调研过程中，耕作施肥灌溉每年约消耗柴油量约 118 L/hm^2，根据公式计算可得燃油消耗排放 1 728.6 t CO_{2-e}。由于基线和项目情景都需要消耗燃油以及电能，消耗量相差不明显，根据保守性原则，农业生产中排放 CO_2 减排为 0。

4.2 土壤和林木碳汇量

4.2.1 土壤碳储量

2019 年碳汇数据结果表明，在安徽怀远项目区：项目区

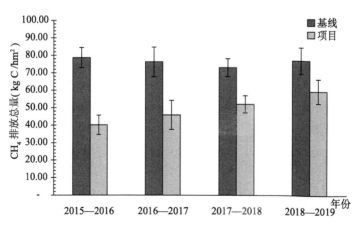

图 4-7 怀远项目区 2015—2019 年水稻季基线和项目 CH_4 排放量比较

项目 0 ~ 30 cm 土层有机质含量变幅为 19.51 ~ 20.59 g/kg（图
4-8）；土壤单位面积有机碳含量为（61.82 ± 0.94）t C/hm²，较
基线提高 14.79%（图 4-9）。怀远固碳减排技术示范应用面积为

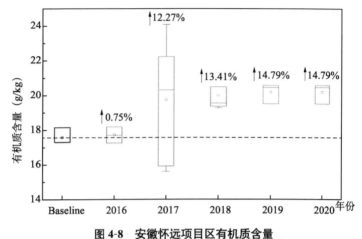

图 4-8 安徽怀远项目区有机质含量

（注：2019—2020 年土壤样品为一批采集过程，数据涵盖 2 年结果，故 2020 年项目
区有机质含量保持不变）

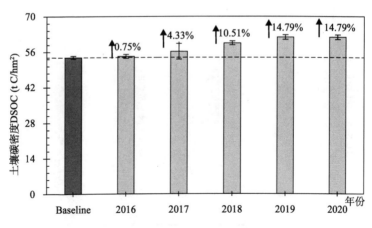

图 4-9 安徽怀远项目区土壤碳密度变化

2 000.04 hm²。计算可得怀远项目区 2019 年 0 ～ 30 cm 土壤碳储量相对于 2018 年降低了 4,685.57 t CO$_{2-e}$ (表 4-1)。

表 4-1　2016—2020 年安徽怀远项目区土壤碳储量变化

年份		土壤碳密度 DSOC t C/hm²	面积/ hm²	ΔDSOC t C/hm²	ΔSOC t CO₂
	Baseline	53.86 ± 0.62			
2016	Project	54.26 ± 0.78	429.68	0.40	638.00
2017	Project	56.19 ± 3.09	968.66	1.93	6 853.00
2018	Project	59.52 ± 0.78	1 770.39	3.33	21 589.57
2019	Project	61.82 ± 0.94	2 000.04	2.31	16 904.00
2020	Project	61.82 ± 0.94	2 000.04	0	0

2016—2020 年安徽怀远项目区土壤固碳量累积量变化趋势,如图 4-10 所示。从图中可以看出,安徽怀远项目区土壤固碳累积量随年份变化逐渐升高,年均碳汇量达到 11 496.14 t CO₂,年均碳汇增长率为 3.52%。特别是 2018 年,年增长率达到 5.92%,

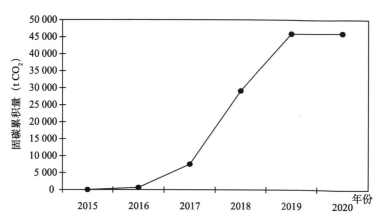

图 4-10　2016—2019 年安徽怀远项目区土壤固碳累计量变化趋势

(注:2018 年由于实施面积大量增加,土壤固碳累计量迅速增加。2019—2020 年土壤样品为一批采集过程,数据涵盖 2 年结果,故 2020 年项目区固碳累计量保持不变。)

其主要原因是 2018 年项目固碳技术的实施面积大量增加。而 2019 年和 2020 年平稳是由于土壤样品覆盖了 2 年，一定程度上缩小了年际间土壤的固碳差异。整体上，土壤固碳累积量从 2016 年的 638.00 638 t CO_2 提高到了 2019 年的 45 984.57 t CO_2，土壤固碳量累增长明显，项目固碳成效显著。

河南叶县项目区：该项目区土壤类型主要是黄褐土，因此，保肥性能较好，但土壤养分偏低。2019 年项目 0 ～ 30 cm 土层有机质含量变幅为 19.88 ～ 21.61 g/kg（图 4-11）；土壤单位面积有机碳含量为 46.03 ± 1.05 t C/hm^2，较基线提高 13.6%（图 4-12）。叶县固碳减排技术示范应用面积为 3 480.87 hm^2，计算可得河南叶县项目区 2019 年 0 ～ 30 cm 土壤碳储量相对于 2018 年增加 11 212.94 t CO_{2-e}（表 4-2）。

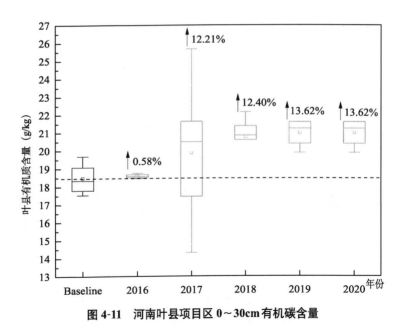

图 4-11 河南叶县项目区 0～30cm 有机碳含量

（注：2019—2020 年土壤样品为一批采集过程，数据涵盖 2 年结果，故 2020 年项目区有机质含量保持不变）

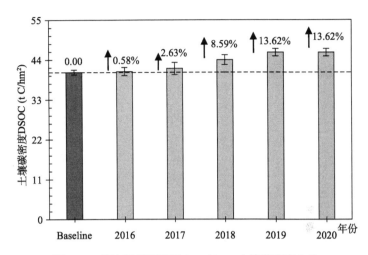

图 4-12 河南叶县项目区 0 ~ 30 cm 土壤碳密度变化

表 4-2 2016—2019 年河南叶县项目区土壤碳储量变化

年份		土壤碳密度 DSOC tC/hm²	面积 /hm²	ΔDSOC tC/ hm²	ΔSOC tCO₂
	Baseline	40.52 ± 0.66			
2016	Project	40.75 ± 1.13	846.39	0.24	733.33
2017	Project	41.58 ± 1.68	1 317.28	0.83	4,012.94
2018	Project	44 ± 1.37	1 668.38	2.41	14,769.06
2019	Project	46.03 ± 1.05	3 480.87	2.04	25,982.00
2020	Project	46.03 ± 1.05	3 480.87	0	0

2016—2020 年河南叶县项目区土壤固碳累积量变化趋势如图 4-13。从图中可以看出，整个项目实施周期内土壤的碳汇不断增加，土壤年固碳量从 2016 年的 733.33 t CO_2 提高到了 2019 年的 25 982.00 t CO_2，年均碳汇量达到 11 374.33 t CO_2，年均碳汇增长率为 3.26%。由于 2018—2019 年项目固碳技术实施面积不断扩大，土壤碳汇增长趋势明显。整个项目周期累积固碳量达到 45 497.33 t CO_2，和怀远项目区固碳水平一致。可见，项目

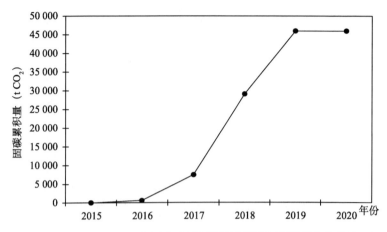

图4-13　2016—2020年河南叶县项目区土壤碳汇累计量变化趋势

实施效果与技术推广应用面积存在密切联系，积极推广能够进一步提升项目固碳效果。

4.2.2　林木碳汇

项目区林木碳储量可通过如下公式计算：式中各参数的意义和监测的结果，如表4-3所示。

表4-3　林木碳汇计算参数明细

序号	参数	值		单位	描述
		怀远	叶县		
1	$\Delta C_{PRQJ.AB.t}$	874.88	934.83	$t\ CO_{2\text{-}e}\cdot a^{-1}$	第t年地上生物量碳库中的碳储量的变化
2	$\Delta C_{PRQJ.BB.t}$	198.60	212.21	$t\ CO_{2\text{-}e}\cdot a^{-1}$	第t年地下生物量碳库中的碳储量的变化
3	t	4	4	a	项目开始后的年数
4	$C_{PRQJ,AB,i,t}$	3 266.07	3 321.67	t C	第t年第i碳层地上生物量碳库中的碳储量
5	$C_{PRQJ,BB,i,t}$	625.24	648.6	t C	第t年第i碳层地下生物量碳库中的碳储量

（续）

序号	参数	值		单位	描述
		怀远	叶县		
6	$C_{PRQJ,AB,i,t-1}$	2 273.80	2 386.84	t C	第 $t-1$ 年的地上生物量碳库中的碳储量
7	$C_{PRQJ,BB,i,t-1}$	426.64	436.39	t C	第 $t-1$ 时地下生物量碳库中的碳储量
8	$f_{AB\_Tr,j}(DBH,H)$	89.79	91.32	t D M·株$^{-1}$	J 树种地上生物量异速生长方程
9	CF_j	0.496	0.496		J 树种平均含碳率
10	R_{jk}	0.227	0.227		J 树种 k 年龄林分生物量根茎比
11	i				基线碳层
12	j				树种（j=1, 2, …, J）
13	DBH	19.77	19.98	cm	胸径
14	H	12	12	m	树高
15	$C_{PRQJ,t}$	1 073.48	1 147.04	t CO$_{2-e}$.a^{-1}	*Total Increase of Forest C stock*

　　2016—2019 年项目怀远和叶县项目区林木固碳累积量变化趋势，如图 4-14 所示。自 2015 年项目实施以来，安徽怀远和河南叶县项目区的林木累积量在不断上升，安徽怀远项目区年均林木累积量为 1 002 t CO$_{2-e}$，河南叶县年均林木累积量为 1 019 t CO$_{2-e}$。

4.3　项目区的总体固碳减排量

4.3.1　项目分年度温室气体减排量和固碳量

2016—2020 年项目分年度温室气体减排量和固碳量见表

4-4。整个项目周期内，2019 年的固碳减排效果最好，固碳减排总量达到 52 083.79 t CO_{2-e}。随着项目的实施，项目区的固碳减排总量也在逐年的升高。在减排方面，安徽怀远项目区的减排效果较好，年均温室气体减排总量达到 4 355.15 t CO_{2-e}。固碳方面，河南叶县和安徽怀远项目区整个项目周期内固碳效果差异不大，年均固碳量分别为 12 393.26 t CO_{2-e} 和 12 498.01 t CO_{2-e}。可见，两个项目区的分年固碳减排效果良好。

表 4-4　2016—2020 年项目温室气体减排量和固碳量

Indicator Name			2016 Values	2017 Values	2018 Values	2019 Values	2020 Values
GHG emission reductions achieved under the project (t CO_{2-e})	Anhui	N₂O reductions by fertilizer	1 660.95	1 621.41	2 207.94	2 112.79	1 055.91
		Anhui Paddy field CH₄ reductions	1 975.37	2 663.31	2 514.77	2 664.06	0
		Anhui N₂O&CH₄ reductions from burning	0	0	0.00	0	0
	Anhui Total		3 636.32	4 284.72	4 722.71	4 776.85	1 055.91
	Henan	N₂O reductions by fertilizer	3 239.68	1 163.39	3 707.84	2 200.42	993.75
	Henan Total		3 239.68	1 163.39	3 707.84	2 200.42	993.75
Soil carbon sequestration achieved under the project (t CO_{2-e})	Anhui	SOC	638.00	6 853.00	21 589.57	16 904.00	0
		Forest	143.73	1 118.02	1 672.03	1 073.48	0
	Henan	SOC	733.33	4 012.94	14 769.06	25 982.00	0
		Forest	143.94	920.29	1 864.42	1 147.04	0
Total Emission Reduction + Sequestration (t CO_{2-e})	Anhui Emission Reduction + Sequestration		4 418.05	12 255.95	27 984.31	22 754.33	1 055.91
	Henan Emission Reduction + Sequestration		4 116.95	6 096.62	20 341.32	29 329.46	993.75
	Total Project Emission Reduction + Sequestration		8 535.00	18 352.57	48 325.63	52 083.79	2 049.66

4.3.2　项目累计温室气体减排量和固碳量

直接指标。根据项目设计和计划，通过项目实施温室气体累计减排 29 782 t CO_{2-e}，固碳 99 565 t CO_{2-e}，作物单产增加 6.17%。年度间直接指标具体变化趋势，见表 4-5 所示。从表中可以看出，每年实际检测的温室气体减排量和固碳量逐年增加，且均远超预定的目标值，作物平均单产变化总体上亦呈现逐年攀升趋势，其实际监测值基本达到每年的目标值。综上所述，项目直接指标完成情况较好。

表 4-5　各年度直接指标完成情况

指标名称	基线值	2016 年		2017 年		2018 年		2019 年		2020 年	
		目标值	监测值	目标值	监测值	目标值	监测值	目标值	监测值	目标值	监测值
减排 (t CO_{2-e})	0	2 800	6 876	6 300	12 324	11 900	20 755	18 000	27 732	21 000	29 782
固碳 (t CO_{2-e})	0	5 500	1 659	12 500	14 563	24 000	54 459	40 000	99 565	44 000	99 565
固碳减排 (t CO_{2-e})	0	8 300	8 535	'18 800	26 888	35 900	75 213	58 000	127 297	65 000	129 347

2016—2020 年项目区温室气体减排量、固碳量如图 4-15 所示。自 2016 年，河南叶县和安徽怀远两个项目区累积固碳减排量呈不断上升趋势，累积固碳减排量从 2016 年的 8 535 t CO_{2-e} 增至 2020 年的 129 347 t CO_{2-e}，年均增长率为 95%。2016—2020 年际间减排量的变化波动不大，年累积减排量处于 6 876.00～29 781.59 t CO_{2-e} 之间（图 4-15）。总体上，固碳量在河南叶县和安徽怀远两个项目区均为固碳减排量的主要贡献源，约占固碳减排总量的 64.7%，且年增长量明显（图 4-16）。说明项目区减排固碳潜力巨大，通过项目的实施能够取得理想的固碳效果。

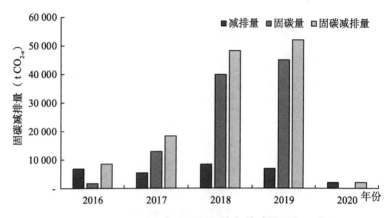

图 4-15　2016—2020 年项目区温室气体减排量和固碳量

（注：2020 年减排量为半年监测数据结果，只包含两个项目区小麦季减排结果）

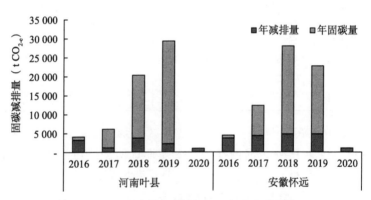

图 4-16　河南叶县和安徽怀远项目区固碳减排量

（注：2020 年项目仅实施半年，土壤固碳量变化较小，忽略不计）

4.3.3　项目累计固碳减排量不同计算方法之间的比较

基于 EX-ACT 对气候智慧型主要粮食作物生产项目技术示范减排效果核算进行核算的结果，见表 4-6 所示。核算的结果显示，叶县和怀远项目区的总固碳减排量为 238 486 t CO_{2-e}。对比两个项目区的固碳减排效果可以发现，对于项目减排目标，化肥减量是核心环节，叶县、怀远项目区贡献率分别达到 91% 和 93%。同时，秸秆还田是项目实现固碳目标的主要核心环节，贡献率约达到 71%。其中，相比叶县项目区，化肥和农药减量实践在怀远项目区的减排效果更突出。而秸秆还田和农田造林在叶县项目区的应用和推广效果较好。

表 4-6 基于 EX-ACT 气候智慧型主要粮食作物生产项目技术示范减排效果核算
($t CO_{2-e}$)

	化肥减量	农药减量	秸秆还田	农田造林	合计
叶县	2 918	289	97 855	39 849	140 911
怀远	5 121	404	65 351	26 699	97 575
合计	8 039	693	163 206	66 548	238 486

利用生命周期法（LCA）对气候智慧型主要粮食作物生产项目技术示范减排效果的核算结果，见表 4-7 所示。生命周期法围绕项目整个生产过程，包括柴油耗量、电能耗量、化肥、农药和种子的投入量以及温室气体的排放量核算减排量，结果显示，2016—2019 年叶县和怀远项目区总减排量约为 7.047 万 t CO_{2-e}。总体上，怀远项目区的减排量略大于叶县项目区，而这部分差异一部分来源于项目的推广面积不同，另一方面来源于

表 4-7 生命周期法对气候智慧型主要粮食作物生产项目技术示范减排效果核算

项目		减排量 kg CO_{2-e}		
		叶县	怀远	合计
柴油	运输	832 915	985 180	1 818 095
	耕作	1 110 554	1 050 859	2 161 413
	灌溉	1 110 554	985 180	2 095 734
电能	灌溉	1 351 991	590 200	1 942 191
化肥	氮肥 N	3 504 386	6 154 727	9 659 113
	磷肥 P_2O_5	1 277 329	1 916 183	3 193 512
	钾肥 K_2O	275 399	413 140	688 539

(续)

项目		减排量 kg CO$_{2-e}$		
		叶县	怀远	合计
农药	杀虫剂	42 503	26 393	68 896
	灭草剂	25 973	49 921	75 894
	杀菌剂	27 047	319 919	346 966
种子	小麦	259 726	263 320	523 046
	玉米	70 625	0	70 625
土壤温室气体	N$_2$O	1 258 201	2 298 753	3 556 955
	CH$_4$		44 265 000	44 265 000
合计 kg CO$_{2-e}$		11 147 204	59 318 774	70 465 979
合计 万 t CO$_{2-e}$		7.047		

两个项目区的农资投入量不同，特别是单位面积农药、化肥的投入量差异，怀远项目区要高于叶县项目区。

不同方法的固碳减排核算结果，如表4-8所示。LCA的核算结果较低于项目实际的固碳减排总量和EX-ACT的核算量，主要原因是LCA的核算中没有涉及土壤固碳量的变化，同时LCA的核算范围包含了化肥、农药等农资生产过程中的碳排放，造成LCA的核算结果中减排量高于其他两种方法。而对于EX-ACT的核算，主要通过农药、化肥的投入量、秸秆还田、农田造林面积的输入等参数乘以其默认的系数，而这些系数是与实际监测结果具有显著差异，同时受项目实施规模的影响，一定程度上低估了N$_2$O的排放，高估了总固碳量，不能很好还原项目地实际固碳减排效果。

表4-8 不同核算方法的固碳减排效果

核算方法	减排量（t CO$_{2-e}$）	固碳量（t CO$_{2-e}$）	固碳减排量（t CO$_{2-e}$）
本研究	29 730	99 536	129 266
EX-ACT	8 732	229 754	238 486
LCA	70 466	—	—

4.4　结论

（1）相比非项目区，项目区均表现出较好的增产效果。叶县项目区，项目区作物的产量区间为 16 258 ～ 18 664 kg/hm^2，非项目区作物的产量区间为 15 502 ～ 17 553 kg/hm^2，项目实施年均提高了 5% 的产量。怀远项目区和非项目区的产量均值分别为 15 797 和 152 54 kg/hm^2，项目实施年均提高了 3% 的产量。

（2）项目实施取得了良好的减排效果。2016—2020 年两个项目区累积减排量达到 29 782 t CO$_{2-e}$，叶县项目区减排 11 305 t CO$_{2-e}$，怀远项目区减排 18 477 t CO$_{2-e}$。项目区 N$_2$O 和 CH$_4$ 排放总量均小于的非项目区的排放总量。叶县项目区，N$_2$O 减排 11 305 t CO$_{2-e}$，降低了 39.8%。怀远项目区，N$_2$O 和 CH$_4$ 分别减排 15.8% 和 31.6%，减排量分别为 8 659 t CO$_{2-e}$ 和 9 818 t CO$_{2-e}$。

（3）项目实施取得了良好的固碳效果。2016-2020 年项目区累积固碳量为 99 565t CO$_{2-e}$。其中，叶县项目区总固碳量为 49 573 t CO$_{2-e}$，土壤和林木固碳分别为 45 497 和 4 076 t CO$_{2-e}$。怀远项目区总固碳量为 49 992 t CO$_{2-e}$，土壤和林木固碳分别为 45 985 和 4 007 t CO$_{2-e}$。

（4）通过项目的实施，开展作物生产减排增碳的关键技术集成与示范，提高化肥、农药、灌溉水等投入品的利用效率和农机作业效率，增加农田土壤碳储量。安徽怀远项目区年均减肥量达到 92.69 t，减药量达 3 518.50 kg。河南叶县项目区年均减肥量达到 52.78 t，减药量达 991.57 kg。到 2020 年，项目区的秸秆还田率达到 100%，两地农田造林林木增加了 40 000 余棵；通过项目实施，河南叶县和安徽怀远项目区土壤有机质含量分别提高了 13.62% 和 14.79%。叶县项目区土壤有机质含量年均增长率为 3.3%，怀远项目区为 3.5%。

4.5 建议

4.5.1 加强项目的组织、管理和实施

继续加强项目的组织、管理和实施。并通过政策机制和能力建设，消除粮食生产中低排放技术的政策、制度方面的障碍，以及通过建立信息传播平台，提高公众的相关知识、技术和意识。

4.5.2 加大项目区资金人力投入

目前，农业生产中温室气体排放和粮食安全等问题已经引起了各级政府部门的高度重视。本项目在解决这些问题的同时，也将为地方和国家带来显著的社会经济效益。因此，各级政府应继续在政策、资金、人力、物力等方面提供大力支持。

4.5.3 加强农业固碳减排技术的研发与应用

应进一步加强农业固碳减排的新模式新技术的研究应用。在化肥减量方面，如氮肥运筹优化技术、种植制度优化技术、缓控释新型肥料技术、土壤改良技术等；在农药减量方面，研究发展的趋向已由化学农药防治转向非化学防治技术或低污染的化学防治技术；在改善灌溉方式上，如推行间歇性灌溉、晒田、节水灌溉等。研究提出农田碳汇监测、记录和评估方法，大力提升粮食生产中温室气体减排能力，提高农业生产效益。

4.5.4 建立补贴激励机制

让农民看到节能减排技术能够产生经济效益或其他利益，这是关系到低排放技术能否推广的关键。建立激励机制适应的行政管理环境，对项目在更大范围的推广非常重要。

4.5.5 国际参与和分享

利用世行、粮农组织等国际多边平台以及一带一路、中欧中美中澳等双边平台，对气候智慧型农业进行交流宣传，进一步扩大与其他多双边组织的联系，加强在气候智慧型农业技术模式和政策方面的交流与合作，借鉴国外先进经验，优化项目产出，分享项目成果。

田间直接测定方法

1. 土壤碳汇直接监测

（1）采样

1) 土壤采样的基本原则

所采土壤样品的各种性质应能最大限度地反映其所代表的区域或田块的实际情况。即采取的土壤样品必须具有代表性。否则，所得分析数据就失去了应用价值。

2) 土壤采样的随机性

农田土壤是高度的不均一体，多种自然因素如地形变化、侵蚀状况，以及人为影响的耕作和施肥措施等都会对农田土壤的不均一性产生重要影响。因此，采集土样时务必注意所采样品的代表性。采样要贯彻"随机"化原则，即样品应当是随机地取自所代表的总体，不是凭主观因素所决定的。此外，采样时还要有效的控制采样带来的各种误差，由于样品的代表性与控制采样误差直接相关。采样点的多少取决于所研究范围的大小、研究对象的复杂程度以及试验研究所要求的精密度等因素。如果研究范围大，对象复杂、采样点就相应增加。在理想情况下，应使采样的点和量最少，而使样品的代表性最大。

3) 土壤性状的空间和时间的变异性

土壤性状的变异性在空间上有水平方向的变异，和垂直方向上的变异，在时间上有季节性变异和年际间的变异；所以在某些条件下，不仅要研究土壤水平方面的变化，也要研究垂直方向和季节性的变化。在确定采样方法时，应事先了解采样区或田块的变异可能性，包括自然变异(主要由土壤成土过程造成的变异)，人为变异(土壤耕作、施肥等田间管理措施等人为因素引起差异)。微域差异(在数米范围内土壤性状的显著差异，这种微域差异大多数是由于施肥造成的)。

4) 土壤样品的处理

土壤样品从田间采集后常常需要一定的处理，主要是干燥、磨细和过筛。

a. 干燥

干燥分为风干(通常在气温 25 ～ 35℃，空气相对湿度为 20% ～ 60%时)和烘干(通常在 35 ～ 60℃)两种。但通常采用风干法，因为它方便，相对而言，对土壤性状影响较少。土壤风干是把从田间取回的土壤摊平，放在通常是 50 cm×60 cm×2.5 cm 的盘中，盘可以是搪瓷的或塑料的等。风干时各个土样应处于同样条件下。同时盘要编号，更重要的是要有一个带编号(用铅笔写)的不怕水湿的塑料标签放于土中。但应注意此标签在随后的磨碎时必须取出，以防和土一起被磨碎而混在土中。盛有土壤的盘子可以放在特制的多格的架子上，在空气中风干。在理想条件下，在室内有热风(不超过 35℃)不断通过土壤表面，热风湿度在 30% ～ 70%。干燥期间必须注意防尘，避免直接曝晒。

b. 磨碎和过筛

野外带回的土壤一般叫作原样土，原样土分为岩屑(>2 mm)部分和细土(<2 mm)部分。原样土经风干后需磨碎处理制备成待测土样。磨碎前要把岩屑、侵入体及粗有机物捡除，并把岩

屑部分称重。细土部分则先用手或木棍等压碎，有时也用相应的机械粉碎。但不宜磨得过细，通过 2 mm 筛孔的细土部分用作土壤物理和化学性质分析。不同分析项目要求用通过不同孔径，一般物理性质和速效养分等多用通过 2 mm(10 号筛)，而全量分析则多用通过 0.149 mm(100 号筛)土样。需进一步磨细的土样可分取已通 2 mm 的土样进行，但分取时必须用四分法或多点取样法分取，并便全部通过需磨细的筛孔，不得随意弃去不能通过部分。进行微量元素分析的样品不能使用铜筛或铁筛，应使用塑料或尼龙筛，以免污染。

5) 土壤容重的测定

为了计算土壤碳储量，需要测定土壤容重。土壤容重是指土壤在未受到破坏的自然结构的情况下，单位体积中的重量，通常以克/cm³ 表示。土壤容重的大小与土壤质地、结构、有机质含量、土壤紧实度、耕作措施等有关。测定土壤容重的方法很多，环刀法是常用的方法之一。

(2) 实验原理

利用一定容积的环刀切割未搅动的自然状态的土样，使土样充满其中，称量后计算单位体积的烘干土重量。本法适用于一般土壤，对坚硬和易碎的土壤不适用。

实验步骤：

准备工作：用凡士林在环刀内壁薄薄地涂抹一层，同时准备一定数量的铝盒（或自封袋），将铝盒逐个编号并称量记录铝盒的重量（准确到 0.1 g），记为 G_0。

采样：在野外采样点选择好土壤剖面点，每一采样块（层）至少需 3 个样，在 0～15 cm 和 15～30 cm 层剖面中部分别平稳打入环刀，待环刀全部进入土壤后，用铁锹挖去环刀周围的土壤，取出环刀，小心脱出环刀上端的环刀托，然后用削土刀削平环刀两端的土壤，使得环刀内土壤容积一定。在采样过程中，每一个操作步骤都要小心确保不扰动环刀内的土壤，如发现环刀内土壤亏缺或松动，则应该弃掉已采集土样，重新采集。

烘干：将已采集好的环刀内土壤样品小心的全部转移到已知重量的铝盒内，称量铝盒及新鲜土壤样品地重量，记为 G_1。将样品带回室内，放在 105℃烘箱内烘干至恒重，称量烘干土及铝盒重量，记为 G_2。

测定土壤表层容重要做 5 个重复，测定表层土壤含水量要做 3 个重复，底层做 2 个重复。

结果计算

$$土壤容重(\mathrm{d}v) = \frac{(G_1 - G_0) \times 100}{V(100 + W)}$$

$$环刀容积(V) = \pi r^2 h$$

式中：W 指土壤含水量（计算过程见土壤含水量）

h 指环刀高度

r 指环刀有刃口一端的内半径

V 指环刀的容积

G_0 指铝盒的重量

G_1 指铝盒及湿土的重量

2. 温室气体直接监测

（1）监测田块的选择

选择监测田块一定要有代表性，要根据土壤性状和植株生长的情况，选择田块能够代表当地的种植模式、田间水肥等管理措施和植株长势。对于≥1 亩的农田监测，一般按照附图 1 设置 5 个采样位置，安置采样底箱；对于设置不同处理的农田小区试验，小区面积大小至少≥100 m²，小区周围保证 1 m 宽的保护行。每个采样箱周围保证 0.5 m 宽的保护行，目的是避免边际效应及其他干扰对箱内植物和土壤代表性的影响。

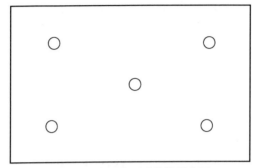

附图1 监测农田采样箱分布图

(2) N_2O排放通量监测气体取样要求

1) 采样箱的放置

选择好采样点后，需要提前埋设底座确保在观测前有足够的平复扰动时间。底座的埋设要以对试验地造成的破坏和扰动最小为原则，把底座插入土中，土质较硬时可先用刀具按底座尺寸切口，底座上放置木头制成的方框，用锤子均匀砸下。在整个生长季底座保持不移动。实验人员在采样操作中不能对底座周围的土壤人为干扰，架设木板走道，最大限度地减少采样给土壤带来的扰动。

2) 气体样品的采集

采样时间：底座埋设待扰动基本平复后便可开始罩箱观测。采样一般在早上9：00～11：00进行，这一时段土壤温度最接近日平均温度并且操作性强。罩箱前，应首先检查采样管、风扇电源、温度测量接头是否有效连接，确定仅用单个顶箱还是需要增加延长箱。

采样箱的密封：采样箱的密封是测定N_2O通量的关键环节。经过多年的试验和监测方便，建议目前采用密封胶条密封，采样箱、底座和延长箱连接处贴有弹性密封条，采样时可用马扣辅助扣紧密封。

采样过程：罩箱后，一般情况下（温度高于 0℃）分别在 0、8、16、24、32 min 用 100 ml 或 60 ml 带有三通阀的聚丙烯医用注射器抽取箱内气体。冬季（温度低于 0℃）情况下采气时间一般每隔 15～20 min 取一次。反复抽取 6 次后取样。注意使用注射器抽取样品时不能用力过猛，尽量平缓地抽出箱内气体以免造成箱内气压波动。当实验站仪器出现故障不能及时排除时，可将气体样品采集到气袋内储存并送到就近站点分析。初始时刻和最后一次样品抽取完毕后，读取地下 5 cm、地表、箱内、箱外气温数值并做记录。

采样频率：每周采样 2 次。在每次施肥或灌溉后每天一次，连续取样 7 天；遇到降雨后每天一次，连续取样 4～7 天。各站具体的观测频率由当地的气候和植被条件来确定，以取得的数据具有足够的代表性又不明显影响作物的整个季节生长为宜。

3) 测定方法

本规程推荐的气体样品分析仪器为气相色谱仪。当天采集当天测定。采用注射器采集和储存的样品，要求必须在采样后 12 小时内分析完毕，否则注射器内外缓慢的气体交换将导致气体样品浓度变化，可能引起显著性误差。采用气袋储存的样品，务必在采样后 5 天内分析完毕；采用真空瓶储气的方法，务必在采样后 5 天内分析完毕；超时应将样品废弃。

一周测定样品 4 天以上（包括 4 天），应一直保持气相色谱仪开机状态。否则应在每次测定的前一天将仪器开启，以保证仪器有充分的活化和稳定时间。如果仪器稳定时间不够，则会出现基线漂移造成色谱峰积分不准，从而引起分析结果误差。如果遇到事故断电，应待电力恢复后立即启动仪器，一般需要稳定 4 小时以上才可进行样品分析。

每个月必须用从国家标准物质中心购置的标气对 N_2O 工作标气进行标定，N_2O 工作标气出峰和国家标气相吻合。

(3) 数据处理与分析要求

1) 观测信息的记录

将观测信息（包括采样时间、天气、温度和湿度等）、峰面积数据、标气浓度数据等数据信息于当天全部输入固定格式的数据库文件（见附表1）。

附表1　取样的基本信息表

取样地点：

标气浓度 取样日期 (年/月/日)	取样 时间	大气压	天气 情况	温度	土壤 温度	土壤 湿度	N₂O峰 面积	测定 日期	测定 时间
测定人：			审核人：						

2) 通量计算结果的质量控制

只有当样品浓度随采样时间而变化的回归方程的复相关系数（R）达到统计显著时（$P<0.05$）计算才可以被接受。考虑到田间实验的影响因素多，同时盖箱期间的观测次数又较少，所以对于 $0.05<P<0.20$ 的观测通量值（即其有80%的可靠性），也勉强予以接受。凡 $P \geq 0.20$ 的观测通量值，应将其自动删除。注意，在统一格式的数据表文件中保留所有原始数据，仅仅删除不合格的通量计算值。

通量计算方法有线性和非线性两种方式。通常采用线性通量计算方法，公式如下：

$$F=60 \cdot 10^{-5} \cdot [273/(273+T)] \cdot (p/760) \, \rho H \cdot (dc/dt)$$

其中：

F 为 N_2O 的排放通量($mg\ N_2O\text{-}N\ m^{-2}\ h^{-1}$)；

ρ 为 0 ℃和 760 mmHg 气压条件下的 N_2O 密度(g/L)，取值为 1.964；

H 为采样箱气室高度(cm)；

dc/dt 为箱内 N_2O 气体浓度的变化速率($10^{-9}\cdot min^{-1}$)；

p 为采样箱箱内大气压(mmHg)，没有测定大气压设备时，可直接用海拔高度进行换算；

T 为箱内平均气温(℃)。

一般试验地点的高程接近海平面，$p/760\approx1$。

附表 2　不同采样次数（n）和相关系数（R）的显著性判断（P）

n	R	P	R	P	R	P
3	=1.00	<0.01	>0.997	<0.05	>0.951	<0.20
4	>0.990	<0.01	>0.950	<0.05	>0.800	<0.20
5	>0.959	<0.01	>0.878	<0.05	>0.688	<0.20

数据质量控制人员通过数据库中各项参数的检查、反查原始谱图、通量数据的相关分析，可发现测量中可能存在的问题。如箱体漏气、温度测量不准确、检测器污染、需要更换镍触媒等，都可从相关的谱图数据中反映出来。数据质控人员应及时将这些问题反馈给实验站观测人员及时处理，以保证后续观测数据的准确性。

3) 生长季及全年 N_2O 排放量的计算

用单次 N_2O 通量观测数据直接外推到日排放总量。对于实施了观测但测定值因不符合数据质量要求而被拒绝的情形，需要进行缺测值填补。被拒数据的填补有三种方法：一是用 $0 \sim |E_{limit}|$ 之间的随机数进行填补，其中 E_{limit} 是所采用的观测方法对日通量检测下限，它取主要决于气相色谱法分析气体样品浓度的精度，计算每个小时通量值所需的 5 次密闭箱内气体浓度观测的采样时间长短，以及采样箱尺寸（对于规则尺寸的采样箱，即为箱内气室高度）；二是用同一空间重复被拒值之前一

次和之后一次有效观测结果的平均值进行填补；三是用其他空间重复的同步有效观测结果的平均值进行填补。实际操作中究竟用那种填补方法，需根据当时的具体情况进行谨慎判断。对于未观测日期的N_2O排放，直接用相邻两个观测日的算术平均值内插法得到。采用逐日累加法估计季节或年度通量，即得季节或年排放总量，计算方法如下：

$$E\mid_{X_{n+1}=0} = k \cdot \sum_{i=2}^{n+1}\Big[X_{i-1}+(t_i-t_{i-1}-1)\cdot(X_{i-1}+X_i)/2\Big]$$

（4）监测过程相关数据质量保证措施

1）搭建木桥和护栏

为了减少对土壤的踩踏和扰动，需要搭建木桥和护栏。到达采样箱的路途中设置木桥，避免采样操作过程中局部踩实土壤而导致气体横向流动收到干扰（附图2）。同时为整个箱内及箱外四周50 cm范围内的植物设置保护栏（附图3），避免采样操作过程对箱内及其周围植物的机械性破坏。采样点的位置及顶箱的编号一一对应，以便于故障排查。为避免采样过程对箱内及其周围植物造成损伤而影响观测结果，要求有植物处理的所有采样箱都必须安装护栏。每周检查 1～2 次，随时将防护栏夹层中得植物移动出，避免安装采样箱时损伤作物。

左、右图分别为不正确和正确的做法

附图2 为减轻对研究对象的扰动而专为单个重复观测点（采样箱）架设的栈桥

植物保护栏（左）及其保护效果（右）实例

附图3　为减轻对研究对象的扰动而专为单个重复观测点设置的箱内外

2) 生物量测定

对于取样农田，一般取常规施肥处理测定一个完整生长季，建议在每个主要生育期进行取样，每次取样面积在 $0.5 \sim 1 \text{ m}^2$，观测其生物量动态数据及根冠比动态。

3) 环境因子

在进行 N_2O 气体排放量观测时，要求同步测定箱内温度和土壤温度（或水体温度）和土壤含水量，为不破坏观测点的土壤环境，应选择在采样点附近与箱内环境相同的土壤中测定。如果箱内是裸土，就要求在箱外裸土中测定土壤温度、湿度；如果带有植被，则应选择箱外与箱内长势相近的地点进行相关参数测定。测定土壤温度时，应将探头插入土层中，平衡 3 min 后才读取第一个温度数据，待气体采样结束时再读一个土壤温度数据，并将两次读数都输入同一格式的数据表中。用手持土壤水分测定仪测定土壤湿度时，要求在距离采样箱底座周围 30 厘米以外的土壤中测定，每个箱周围随即测定 4 次，并将数据输入同一格式的数据表中。

附录2

DNDC模型简介

1.模型简介

本核算指南推荐采用的是DNDC模型。DNDC模型是国际上公认的最为成功的N_2O释放的机理模型之一,它通过模拟硝化、反硝化过程来计量N_2O的排放量,硝化反硝化速率则通过追踪硝化反硝化细菌的微生物活性来表征。DNDC模型由6个子模型组成:土壤气候子模型、作物生长子模型、有机质分解子模型、硝化反硝化子模型和发酵子模型,分别模拟土壤气候、作物生长、有机质分解、硝化、反硝化和发酵过程(附图4)。该模型可以模拟点位尺度和区域尺度的生物地球化学过程。模型内置的所有函数方程式来源于物理、化学、生物学基本理论推导或相关模拟试验。DNDC模型在区域GIS数据库的支持下,能进行县、省、国家等不同区域尺度农田N_2O排放模拟。

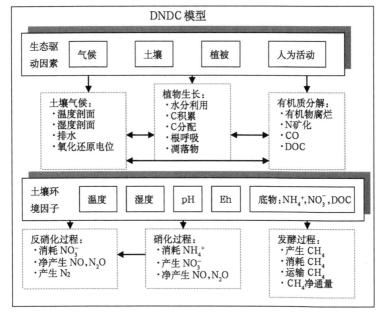

附图 4　DNDC 模型结构图

2.DNDC 模型的输入

　　模型进行点位模拟时，需要输入气象、土壤、农田管理、土地利用等相关参数（附表 3），模型首先计算土壤剖面的温度、湿度、氧化还原电位等物理条件及碳、氮等化学条件；然后将这些条件输入到植物生长子模型中，结合有关植物生理及物候参数，模拟植物生长；当作物收割或植物枯萎后，DNDC 将残留物输入有机质分解子模型，追踪有机碳、氮的逐级降解；由降解作用产生的可给态碳、氮被输入硝化、脱氮及发酵子模型中，进而模拟有关微生物的活动及其代谢产物，包括几种温室气体以及氮淋溶。区域模拟是在点位模拟的基础上进一步扩展的，一定区域尺度温室气体排放模型的模拟运行需要在 GIS 数据库的支撑下运行，即将区域划分为许多小的单元，并认为每一小单元内部各种条件都是均匀的，模型对所有单元逐一模拟，最后进行加和即得到区域模拟结果，区域模拟需要输入的参数见附表 4。这里，需要说明的是运用 DNDC 模型在区域模拟之前，必须进行点位试验的监测，验证和校正模型。

附表 3　DNDC 模型点位运行所需输入参数

项目	输入参数
位置	模拟地点的名称、经纬度、模拟的时间尺度
气象	日最高气温、最低气温和日降水量、大气中 NH_3 和 CO_2 的背景浓度和 CO_2 的年增加速率、降水中的 NO_3^- 和 NH_4^+ 含量
土壤	土壤 pH、质地、容重、有机质含量、田间持水量和萎蔫点、导水率，有机质的组成部分所占的比例及各部分的碳氮比、总碳氮比，土壤初始硝态氮和铵态氮含量、土壤含水量
植被	农作物种类、复种或轮作类型
管理	播种与收获日期，最佳作物产量，地上部生物量在根、茎、叶及籽粒的分配比例及各部分的碳氮比，每公斤干物质的耗水量，作物地上部分还田的比例犁地次数、时间及深度，化肥和有机肥施用次数、时间、深度、种类及数量，灌溉次数、时间及灌水量，除草及放牧时间及次数

附表 4　DNDC 模型区域运行所需输入参数

数据库	输入参数
气象数据库	各模拟单元逐日最高气温（℃）、最低气温（℃）、降水量（毫米）
土壤数据库	各模拟单元的 N_dep、SOC、土壤黏度、pH、土壤容重
作物数据库	各模拟单元单作及轮作系统播种面积（km）
施肥数据库	各模拟单元不同作物的施肥量（kg/hm²）
作物灌溉数据库	各模拟单元有效灌溉率（%）
种植和收获数据库	各模拟单元单作及轮作系统的作物播种与收获日期
化肥施用日期数据库	各模拟单元单作及轮作系统氮肥施用日期

（续）

数据库	输入参数
犁地深度数据库	各模拟单元单作及轮作系统犁耕日期及深度（厘米）
秸秆还田数据库	各模拟单元不同作物类型的秸秆还田率（%）

3.DNDC模型的运行和输出

（1）模型的校验

任何模型都在是在一定区域自然气象状况、农业生产条件、农田管理措施的基础上构建的。而不同地区以上条件有很大的差异，因此需要根据目标区域的实际情况对模型进行验证，修正部分参数甚至结构，这是模型进行区域模拟的基础性工作。校验模型所需要的数据要求：①至少要有3年及以上的作物产量数据；②至少要有1年完整的温室气体（N_2O）排放通量及其辅助（土壤温湿度）监测数据。经过校验通过后的模型就可以用来进行区域上的模拟工作。

（2）模型的运行与输出

DNDC读入所有输入参数后，即开始模拟运转，DNDC首先计算土壤剖面的温度、湿度、氧化还原电位等物理条件及碳、氮等化学条件；然后将这些条件输入到植物生长模型中，结合有关植物生理及物候参数、模拟植物生长；当作物收割或植物枯萎后，DNDC将残留物输入有机质分解子模型，追踪有机碳、氮的逐级降解；由降解作用产生的可给态碳、氮被输入硝化、脱氮及发酵子模型中，DNDC进而模拟有关微生物的活动及其代谢产物，包括几种温室气体，DNDC日复一日地转动，并记录每日各项预测结果。当一个模拟年结束时，一个全年总结报告会自动生成。DNDC的模拟时间长度可少至几日，多至几百年。每日或每年的输出项目包括土壤物理化学环境条件、植物生长状况、土壤碳及氮库、土壤-大气界面的碳及交换通量。附表5给出输出项目的详细内容。

附表5　DNDC模型的输出参数

项目	输出参数
土壤物理	逐日变化的土壤温度剖面、湿度剖面、pH剖面及Eh剖面、水分蒸发量
土壤化学	每日土壤有机碳、氮库量，DOC库量，NO_3^-和NH_4^+含量，有机质矿化速率
植物生长	日植物生长量，生物量在根、茎、叶及籽粒的分配，氮吸收量，水分吸收量
气体排放	CO_2、CH_4、N_2O、NO、N_2及NH_3每日排放通量

树木生物量异速生长方程

选择生物量异速生长方程时，应尽可能选择来自项目所在地区或与项目所在地区条件类似的其他地区的方程。对于来自条件类似的其他地区或其他树种的异速生长方程，包括来自IPCC的参考方程，在将其用于项目监测前，须对其适用性进行验证。例如，可选取不同大小的林木，采用收获法实测其生物量，并与生物量异速生长方程的计算结果进行比较，如果二者相差不超过±10%，就可在项目监测中使用该生物量异速生长方程。如果不能获得可靠的生物量异速生长方程，根据《AR-CM-003-V01-森林经营碳汇项目方法学》，项目参与方可采用下述生物量扩展因子法：

树种	地上生物量公式	地下生物量公式	全树生物量公式	适用省份
杨树	$W_S=0.025\,82(D^2H)^{0.908\,4}$； $W_B=0.087\,3(D^2H)^{0.627\,9}$； $W_L=0.032\,58(D^2H)^{0.585\,5}$； $W_T=W_S+W_B+W_L+W_P$	$W_R=0.041\,76(D^2H)^{0.697\,13}$	$W=0.135\,13(D^2H)^{0.802\,003}$	安徽
杨树	$W_S=0.025\,82(D^2H)^{0.908\,4}$； $W_B=0.087\,3(D^2H)^{0.627\,9}$； $W_L=0.032\,58(D^2H)^{0.585\,5}$； $W_P=0.064\,3(D^2H)^{0.616\,0}$； $W_T=W_S+W_B+W_L+W_P$	$W_R=0.083(D^2H)^{0.636}$		河南

（续）

树种	地上生物量公式	地下生物量公式	全树生物量公式	适用省份
刺槐	$W_S = 0.055\ 27(D^2H)^{0.857\ 6}$； $W_B = 0.024\ 25(D^2H)^{0.790\ 8}$； $W_L = 0.054\ 5(D^2H)^{0.457\ 4}$； $W_T = W_S + W_B + W_L$	$W_R = 0.114\ 5(D^2H)^{0.632\ 8}$		河北
桐类	$W_S = 0.016\ 93(D^2H)^{0.923\ 4}$； $W_B = 0.002\ 47(D^2H)^{1.097\ 7}$； $W_L = 0.145(D^2H)^{0.715\ 6}$； $W_P = 0.004\ 105(D^2H)^{0.929\ 6}$； $W_T = W_S + W_B + W_L + W_P$	$W_R = 0.064\ 57(D^2H)^{0.696\ 6}$	$W = 0.057\ 4(D^2H)^{0.892\ 5}$	安徽
桐类	$W_S = 0.086\ 217D^{2.002\ 97}$； $W_B = 0.072\ 497D^{2.011\ 502}$； $W_L = 0.035\ 183D^{1.639\ 29}$； $W_T = W_S + W_B + W_L$	$W_R = 0.016\ 865D^{2.329\ 422\ 7}$		河南

注：W_S 树干生物量，W_B 树枝生物量，W_L 树叶生物量，W_T 地上部分总生物量，D 树木胸径，H 树木树高。